GRE
数学170
精讲精练

陈琦 / 主编

U0311662

浙江教育出版社·杭州

图书在版编目(CIP)数据

GRE数学170精讲精练 / 陈琦主编. -- 杭州 ： 浙江
教育出版社，2022.6（2025.1重印）
ISBN 978-7-5722-3439-2

Ⅰ. ①G⋯ Ⅱ. ①陈⋯ Ⅲ. ①GRE－高等数学－自学参
考资料 Ⅳ. ①O13

中国版本图书馆CIP数据核字(2022)第069243号

GRE数学170精讲精练
GRE SHUXUE 170 JING JIANG JING LIAN
陈琦　主编

责任编辑	赵清刚
美术编辑	韩　波
责任校对	马立改
责任印务	时小娟
封面设计	大愚设计
出版发行	浙江教育出版社
	地址：杭州市环城北路177号
	邮编：310005
	电话：0571-88900883
	邮箱：dywh@xdf.cn
印　　刷	大厂回族自治县彩虹印刷有限公司
开　　本	787mm×1092mm　1/16
成品尺寸	185mm×260mm
印　　张	9.25
字　　数	209 000
版　　次	2022年6月第1版
印　　次	2025年1月第5次印刷
标准书号	ISBN 978-7-5722-3439-2
定　　价	50.00元

零下十二度的北京，许久不见的冬天，冷得刺骨的寒风。琦叔邀请我在北京完成大家期待已久的数学书，完成微臣在 GRE 培训的最后一块拼图。

在这温暖的教室中，墙壁阻挡着外面的严寒，我一边写书稿，思绪也回到了几年前和琦叔初遇的日子。那时候我尚在新加坡苦苦准备 GRE，但不得其法，心中茫然，不知如何是好。一次偶然的机会，瞥到了琦叔在微博上寻找在新加坡开展讲座的帮手，我主动请缨。彼时的琦叔刚刚创业，尽管辛苦，但激情满怀。讲座顺利展开，但在台下听讲的我感受到无限震撼，一是因为琦叔创业的神奇故事，二是因为琦叔对于 GRE 做题模式与技巧的讲解仿佛让我拾获了一本失传已久的武功秘籍。十几天的时间，上了琦叔团队的所有线上课，我拿下了 330+4.5 的成绩，也拿到了加州理工学院化工博士的录取通知书。

与此同时，我和琦叔在新加坡创立了阿波罗教育公司，帮助微臣在新加坡拓展市场。每年 12 月，琦叔和微臣的几位老师都会从北京飞往新加坡，在线下直接辅导在新加坡的中国留学生，把结合数学经验的提分模式带到新加坡。其中，第二期新加坡线下学员李一鸣获得了 V170+Q170 的双满分成绩。

来到加州理工学院，度过了极其难熬的第一年之后，我成为微臣的线上数学老师。在讲数学的过程中，我发现许多同学在 GRE 数学方面有各种各样的问题，但其中最大的问题是逻辑思考能力的欠缺。我在讲课的时候尤其注重讲解这方面内容，让同学们能对自己的问题有更深入的了解。我在上课时会用到一些自己改编的例题，每次拿出来讲都会让同学们有恍然大悟的感觉。于是我们想写一本真正能帮助同学们的数学书，一本不一样的数学书，一本真正称得上"工具"的工具书。

起初，我们团队也想以知识点为框架，编写一本普通的教辅书。但是微臣一直秉持要么不做、要做就做最好的态度，因此我们决定编写一本互动性强、阅读时间短、有明显层次感、对数学基础强或弱的同学都有帮助的工具书。我们相信，这本书体现出的价值会比一般学生多做几百道题的价值更大。

很开心能以这本书作为人生的第一本出版物，想用贴在高中数学笔记本中的一句话来结束这篇序言：将待求问题熟悉化，这便是数学。这也是人生。

微臣数学教研组 刘新言

2021 年是我成为一名微臣教师的第四年。从微臣的学生，到微臣的教师，再到微臣的线上课程产品经理，如今又有了自己的出版物，恐怕四年前还是大四学生的我绝不会想到我的人生会经历这样的变化。

我大二在备考 GRE 的时候，偶然间打开琦叔的 GRE 介绍视频，从此打开了新世界的大门，他颇具哲理的讲述让我坚定了备考 GRE 的决心。我还记得琦叔在那个视频里说："GRE 分为语文、数学和写作，其中数学部分的备考应该很轻松，我们中国的考生就应该拿到 GRE 数学 170 满分。"我也听我在 UCLA 的同学和我说："GRE 数学完全不需要听课，自己做做题就能考出满分。"确实，从小到大数学成绩优异的我后续在 GRE 数学的备考上没怎么花工夫，轻松地得到了满分。

直到 2017 年，我来微臣做助教，我发现其实很多同学在备考 GRE 数学时有很大困难。一些数学基础较弱的同学听信了"做做题就能满分"的话，陷入了题海，然后发现自己连基础的一元二次方程计算都存在很大问题；还有一些同学死记知识点，但到做题的时候又不知道要用哪个知识点解题；甚至有一些数学基础很好的同学，做简单的 GRE 数学题却套用微积分、三角函数等高级知识，浪费了时间。我才明白，虽然 GRE 数学相对语文和写作来说比较简单，但同学们想拿到满分并没有那么容易。

再后来我幸运地留在微臣，成为一名 GRE 数学老师。一开始，我还是下意识以一个理工科学生、数学优等生的身份讲数学，常常为能讲完一道难题而沾沾自喜。但在微臣老师们的不断批课和学生们的反馈中，我意识到，如果只是讲完一道难题，基础弱的同学跟不上，基础强的同学又早就会做了，那么这个课是给谁上的呢？琦叔经常提醒我："想想你讲的话，文科同学能不能听懂？很久不学数学的同学能不能听懂？"

其实早在 2018 年，我们数学教研组就在着手编写这本数学书了，当时的我还是个非常稚嫩的新老师，写出来的东西无非就是平平无奇的数学定理讲解。2018 年 12 月，琦叔把加州理工博士生刘新言老师请到北京来。刘老师在的一个星期里，带着我们把数学书的框架制订成了现在的样子："自测题目"测评数学水平；"知识点讲解"扫清数学概念盲区，补足基础；"难点突破"拆解难题技巧，提高思维水平；"强化练习"全方位习题训练。这种编排呈现了非常清晰的教学脉络，有助于不同基础的考生各取所需。不过在那时，虽然这本书的主体内容已经完成，但总觉得还缺一些什么。

随着这几年接触的学生越来越多，我也逐渐触碰到大家学习数学的痛点。

我有个学生叫李小宁，他 GRE 语文考了 162，但数学考了不到 150 分。于是琦叔把我们的数学书稿给他看，希望能帮他补补数学。小宁看到知识点讲解的部分，有些地方看不懂，就来找我给他单独讲，我用一些通俗的例子给他解释了之后他就懂了。他说："我从小到大都对数学没有兴趣，可能是因为原来课本上讲的都是数学的定理、概念，我完全想不到这和我的生活有什么关系。可是我听完你刚才讲的之后，我觉得我开始理解数学的奥秘了，我希望微臣这本数学书里写的是这样的东西。"

正如小宁同学所说，我们从小到大的数学教育，缺的从来都不是严谨的数学定义和推理，缺的是我们不明白到底为什么要学数学，缺的是把数学和大家熟悉的事情建立联系，告诉大家这个概念到底有什么用。解释清楚知识点和做题方法的本质，其实也就能帮助同学们在做题时更快速、准确地识别出考点，稳、准、狠地解决考试，也能让一些同学不再讨厌学习数学。

因此，在 2020 年底和 2021 年初，参考多年教学中收到的学生反馈，我们在书中加入了更加便于理解的例子和解释。同时结合最新的 GRE 数学考试题目，将某些题型和知识点的考法做了完善。除此之外，我们还把部分较难的知识点和题目录制了讲解视频。至此，这本《GRE 数学 170 精讲精练》可以称得上是一本能够帮你快速拿下 GRE 数学高分的书了。

本书的完成要感谢琦叔。琦叔对微臣的每一门课都有着近乎苛刻的高要求，对数学课也不例外。我记得 2020 年度教师赛课，琦叔看了我的教学成果材料后说："你的这些'创新'都是很细碎的小点，没有形成一个体系。"于是他给了我一些点拨，向我解释了 GRE 写作的 Issue 写作思路和 GRE 数学的数量比较题之间的关系。我听完之后豁然开朗：数量比较题中的选项"A > B，A < B，A = B，A 和 B 大小不确定"，其实就是 Issue 写作中两个不同事物比较重要性时，不同的观点选择。同学们在写作中不知道怎么反驳"A 比 B 重要"这一观点，但其实一种非常好写的反驳方式就是"A 和 B 的重要性需要分情况讨论，有时 A 比 B 重要，有时 A 不如 B 重要"，这就对应了数量比较题的 D 选项。所以 GRE 的各个科目在设计上是完全相通的，一个数学老师不仅要能讲数学概念和题目，还要能讲出数学和其他学科以及生活哲理的关联，这样才能让学生真正有所收获。我今天能在讲台上受到学生的欢迎，能真正帮到学生，都是因为琦叔对我的培养。

另外，我要感谢本书另一位主要编写者刘新言老师。刘老师是我的前辈，也是"网友"，这三年来我们在线上搭班上课配合得很好。刘老师在加州理工学习，百忙之中还在推进这本书的出版，真让我感到佩服。可以用美剧《生活大爆炸》中的一句台词形容刘老师，"Smart is the new sexy."。

还要感谢为本书出版做出贡献的其他数学老师（帅旗、费立涵、简力博、张润楠、王崧涵），以及帮助本书修订的同学（杨光灿烂、白琨、黎靖晖），还有为本书提出宝贵建议的同学（李天凝、王珂荃、綦子豪、徐国越等）。

最后，感谢微臣的各位同事的大力支持和配合，我们如同家人一般；感谢所有参与过微臣数学课，曾给微臣数学课鼓励和批评的同学们，你们是我们进步的动力。

希望这本书能够帮助大家走上 GRE 数学 170 分的快车道！

微臣数学教研组 查睿婷

本书的目标是让 GRE 考生轻松拿到 GRE 数学高分或满分。

2023 年，中国考生的 GRE 数学平均分约为 166.2 分（满分 170 分），远远领先世界其他国家和地区。这说明中国考生的数学基础十分过硬，小学和初高中 12 年的数学训练给考生奠定了良好的数学素养和计算习惯。

但也正因如此，中国考生在面对看似简单的 GRE 数学时也会有一些备考的误区。

❶ 过分轻敌

很多考生对自己的数学水平没有正确的认知，不做系统复习就上场考试。

GRE 数学会考查一些考生不是很熟悉的知识点，例如四分位数、百分位数、概率分布等。即使是小学学过的知识点，例如质数、公因数、公倍数等，在 GRE 数学考试中的考查形式也会更加灵活。此外，有些考生会不适应英文的题目，读题速度过慢，理解准确度差。以上都需要考生在上考场前做系统的数学训练。

❷ 盲目刷真题

很多考生以为学数学等于刷题，于是找来一堆 GRE 数学真题，没日没夜地做，但分数还是没有提高。这是因为考生在做题过程中只是想解出这一道题的答案，而不去理解出题套路，不反思自己的解题思路是否有优化的空间，不分析题目之间的相互关联，导致没有达到做这道题的效果，到了考场上还是会做错。

学数学的关键在于掌握题目背后的本质，如果能做一道题就明白一类题目的做法，那就不用刷那么多真题，只要每天做 12~30 道题目，保持考试状态即可。

❸ 用平时数学课的学习方法学 GRE 数学

一些数学基础不错的考生，刚开始面对 GRE 数学题目时会用一些所谓"高级"的解法。明明只是个求面积的问题，非要用微积分求解；明明只用代入特殊值就能选出答案的非要做多步恒等变形推导。GRE 数学考查的本质是逻辑，它并不是一个真正的数学知识点考试，用平时在自己专业的数学课上学到的知识解决 GRE 数学题有时会事倍功半。

结合中国考生备考 GRE 数学的误区，本书从以下几个方面做了重点讲解。

- 本书提供了"自测题目"，测试考生的数学基础水平，根据测试结果决定后续的学习路径。

- 照顾不同基础的考生的需求，将数学基础知识与进阶的做题技能分开讲解，方便不同基础与不同学习阶段的考生找到对应的内容，节省复习时间。

- 展现完整的数学知识框架，用通俗易懂的语言和例子讲透数学知识点及其之间的关联。

- 甄选能准确反映最新考试趋势的题目，并点明背后考点和核心技能，举一反三，让考生做 1 道题能达到做 10 道题的效果。

★ 本书各章节的设计目的

❶ 自测题目

本部分共 20 道测试题，旨在测试考生当前的 GRE 数学水平。核对自己正确题目的个数后可根据建议完成后续章节的学习。

❷ 第一章 知识点与例题讲解

本章系统讲解 GRE 数学所覆盖的数学知识，帮助不熟悉对应知识点的考生学习定理、性质，并用简单易懂的 50 道例题解释知识点的基本出题方式。

❸ 第二章 难点突破

本章共 51 道难题。分别从易错点、复杂信息和解题技巧三个层面讲解 GRE 数学难题的出题思路，让难点有规律可循，用高度统一的方法解决类似的题目。

❹ 第三章 强化练习

本章共有 120 道练习题，全面覆盖了 GRE 数学的各个考点。第一节中将同一个知识点改编为不同难度的题目，展现难题的出题方式；第二节至第五节集合了算术、代数、几何、数据分析的必练题目；第六节为图表题专项训练。

★ 本书使用方法

❶ 备考初期

按照本书编排的顺序，先阅读"GRE 数学备考常见问题汇总"和"GRE 数学题型和基本规则"，再做自测题目。依据正确题目的个数，按照建议安排好后续章节的学习时间。如果考生基础较好，可快速通读第一章；如果考生基础较差，则需要花较长的时间（6 小时以上）研读第一章的知识点。

❷ 备考中期

用第二章"难点突破"的例题和讲解反复强化核心做题能力。建议考生先自己尝试去做第二章的例题，把自己做题的过程和答案写在笔记本上，然后对照解析修改做题过程。这样书上不会留下做题痕迹，方便日后重复练习。

❸ 备考后期

用第三章的强化练习再次巩固知识和做题技能。建议上考场前把第二章和第三章的题做两遍以上，第一遍模拟考场状态计时训练，第二遍举一反三，尝试自己改变条件再做此题。在练习题目的过程中，参考配套的思维导图，检查自己在知识点上是否还有遗漏，若有不清楚的地方则要再看第一章对应的讲解。

另外，本书还配有视频，讲解难懂和易错的知识点及练习题，扫描书中和封底二维码即可收看。

GRE 数学备考常见问题汇总

本部分视频讲解

Q1 GRE 数学部分的考试题量是多少？答题时间有多长？

A 在 2023 年 9 月，GRE 考试进行了一次改革，取消了加试并缩短了考试时长。目前（2023 年 9 月后）一场 GRE 考试有两个数学部分（section）：

第一个部分共 12 道题，考试时长 21 分钟。

第二个部分共 15 道题，考试时长 26 分钟。

一场考试共 27 题。一般来说，考生经过系统训练，在考场上可以平均 1 分钟左右完成 1 道数学题目。

Q2 GRE 数学部分满分是多少？必须要全部做对吗？

A GRE 数学的满分是 170 分。2023 年 9 月 GRE 考试改革后，考生需要做对所有题目才可确保得到满分。

但在个别情况下，若错的题目难度系数高，也有可能不扣分，即有可能出现错 1 题但仍得到满分的情况。

Q3 申请美国研究生项目，GRE 数学需要考到多少分？

A 申请不同专业、学校和学位（硕士 / 博士）的考生，其 GRE 数学的目标分数也不同。总体而言，综合排名前 50 的美国院校对 GRE 数学成绩要求相对较高。

对需要强数理背景的商科，如金融数学、金融工程、商业分析等专业，考生的数学成绩最好能达到 170 分；其次是理工科，如计算机科学、电子工程、数学、化学等专业，考生的数学成绩最好在 166 分及以上；再次是文科，如教育、文学等专业，考生的数学成绩建议在 160 分以上。

Q4 想要考到目标分数需要准备多久？需要做多少题目？

A 确定目标分数后，考生应考虑自己的数学基础，决定 GRE 数学考试的准备时间。一般而言，理工科的考生数学基础相对较好，需要学习 GRE 数学 30~50 小时，做 200~300 道练习题；文科考生需要学习 GRE 数学 70~100 小时，做 400~600 道练习题。

不过，每个考生的情况也不一样，不同的求学经历会造就不同的学习基础，理工科的考生数学未必好，文科的考生数学未必差。

由此，我们特意为考生提供了一套完整的数学自测题目，考生可以根据测试结果客观地评估自己的数学水平，并根据自测题目后面的后续学习建议（见 p5）安排 GRE 数学的备考时间与备考策略。

Q5 GRE 数学考试里的计算器和草稿纸该怎么用？

A 在 GRE 数学考试界面的右上方有"Calculator"按钮，点击后即可弹出如右图所示的计算器。它可以完成基本的计算功能，最多能显示 8 位数字。使用时，可以用键盘右边的数字区输入数字。建议考生尽量不使用计算器，GRE 数学的大部分计算是可以靠笔算快速完成的。

仅在涉及以下复杂计算时，才建议考虑使用计算器：

- 乘除运算中，数的位数大于 2；加法运算中，数的位数大于 4。

- 估算平方根的值。

考生会在考试开始时拿到三张 A4 大小的草稿纸。在考试过程中如果需要，也可向监考老师索要更多草稿纸。

在此，强烈建议考生养成工整地书写演算草稿的习惯，拿到草稿纸后先对折一次，然后从左上角到右下角顺序书写计算草稿，以便在考试检查题目时，快速地找到计算过程，节省检查时间。

Q6 GRE 数学涉及的知识水平大约相当于国内几年级？

A 相当于国内小学至高中的数学水平。

例如整数的奇偶性、因数和倍数、质数和合数等，属于小学的知识范畴；一次函数、二次函数的性质，属于初中的知识范畴；正态分布、排列组合等，属于高中的知识范畴。

Q7 我在国外念的初 / 高中，是否需要额外补充数学知识？是否需要额外的练习？

A 一般来说，GRE 数学所需的知识点在国外的初、高中也是有所教授的，只是国外的数学练习量没有国内大。因此在国外读中学的考生需要多练习计算。建议将本书第一章的知识点多看两遍，遇到不熟悉的知识点多做相关练习，例题也需要完全弄懂。

Q8 我感觉自己数学知识点没问题，就是题目读不懂，怎么办？

A 题目读不懂的原因可能是：

- 不认识关键的数学词汇，如 prime factors、least common multiple、hypotenuse 等。

- 不熟悉用英文描述数学关系的句式表达。

- 不够熟悉题目所问的数学知识，无法预判此类知识会被问到什么样的问题。

如果是由于前两个原因读不懂题目，则需要通过记忆数学词汇，学习本书第二章 2.2 文字描述题的讲解，并大量练习以提高熟练度。与此同时，读不懂题在一定程度上与知识点不熟悉有关。考生要通过多做题来熟悉题目的出题方式，这样即使有个别词句读不懂，也能猜出题目的意思。

Q9 想考好 GRE 数学，需要背的公式多吗？

A 本书附录包含了精选的 GRE 数学考试常用的 26 个公式，这比高中和大学数学考试要求的公式量少得多。而且，我们希望考生不要死记硬背公式。学习完本书第一章的所有知识点，理解公式的含义，将公式内化在自己的数学能力中才是提分的最根本、最有效的方法。

Q10 GRE 考查数学的意义是什么？和以后的学习 / 科研关系大吗？

A GRE 数学部分的考查目的与 GRE 语文部分类似，重在考查考生的逻辑分析能力，数学知识是作为载体形式出现的。

GRE 数学的考查重点是逻辑推理的完备性和严谨性，而不是纯粹的代数式恒等变形或几何证明。在学习 GRE 数学时，考生要考虑到题目是否给了足够的条件，某个变量的取值范围是什么，是否陷入了某种思维定式之中。这样的思考习惯同样也是今后的科研和学习中所需要的。

GRE 数学也体现了中外的一些思维差异，如数量比较题里面的 D 选项 "The relationship cannot be determined from the information given." 并不经常出现在国内数学考试题的选项中。ETS 希望考生的思维具有开放性，不排除任一可能，甚至 "没有结论" 也是可能性的一种，这也是日后科研和学习中非常可能出现的情况。

GRE 数学题型和基本规则

一 GRE 数学题型

GRE 数学的题目均为客观题，具体分为数量比较题、单选题、不定项选择题和填空题。

1. 数量比较题

这类题型先给出题目条件，然后要求考生比较两个数量 Quantity A 和 Quantity B 的大小关系。

注意数量比较题的选项是固定的，分别为：

(A) Quantity A is greater.（Quantity A>Quantity B 永远成立。）

(B) Quantity B is greater.（Quantity A<Quantity B 永远成立。）

(C) The two quantities are equal.（Quantity A = Quantity B 永远成立。）

(D) The relationship cannot be determined from the information given.（Quantity A 和 Quantity B 的大小关系无法确定，即 "A<B" "A>B" "A = B" 这三种情况中可能出现两种及以上。）

例如下面的题目：

$$x^2 = 1$$

Quantity A	Quantity B
x	0

(A) Quantity A is greater.

(B) Quantity B is greater.

(C) The two quantities are equal.

(D) The relationship cannot be determined from the information given.

题目中 $x^2 = 1$ 是已知条件，在这个条件下比较 Quantity A 和 Quantity B，即 x 和 0 的大小关系。

由 $x^2 = 1$ 可以得到 $x = 1$ 或 -1，所以当 $x = 1$ 时，$x>0$，当 $x = -1$ 时，$x<0$。因此 Quantity A 和 Quantity B 的大小关系无法确定，选择 D 选项。

2. 单选题

这类题型就是考生非常熟悉的从五个选项里选一个正确选项的题目。

3. 不定项选择题

这类题型要求考生从若干个选项中选择正确的选项，正确选项可能是一个或多于一个。

注意单选题和不定项选择题的区分方式：

（1）在真实机考中，单选题前面的选项是椭圆圈（如下图左侧），不定项选择的选项是方框（如下图右侧）。

⬭	12	☐	$40 200
⬭	10	☐	$43 350
⬭	8	☐	$47 256
⬭	6	☐	$51 996
⬭	4	☐	$53 808

（2）在真实机考及本书中，不定项选择题最后一句话一定是" Indicate all such... (statements/numbers...)"，即"选出所有符合条件的选项"。

4. 填空题

这类题型就是考生非常熟悉的算完答案填数字的题目。

在考试中有两种填空形式：

（1）单空

例：$x = 2, y = 3, y$ is what percent greater than x?

☐ %

$y - x = 1$，$1/x = 1/2 = 50\%$，因此 y 比 x 大 50%，答案填 50。

【注意】① 单空题的空格外面都会给单位，包括百分号，因此计算时需注意目标单位，然后只填数字即可。

② 空格中只能填 0~9 的数字、小数点、负号（–）。

③ 若最后算出来的数除不尽，则题目中必然会提示将四舍五入到哪个数位，如"give your answer to the nearest tenths digit"，即"保留至最近的十分位（0.1）"，若题目中没有给出数位要求，说明答案本身可以除尽，不需要保留数位，有几位就写几位。

（2）分数填空

例：$x = 2.5, y = 5$, what fraction of y is x?

☐
‾
☐

题目问 x 占 y 的几分之几，$x/y = 2.5/5 = 1/2$，答案空格里依次填 1 和 2 即可。

【注意】① 分数空格中只能填 0~9 的数字和负号（−），不能填小数点。

② 最后填入的分子和分母无须化简成最简分数，只要两个数都是整数，且分数数值上正确即可得分，比如上面的题目，最后可以填 1 和 2，可以填 25 和 50，也可以填 250 和 500。

二 GRE 数学基本规则

GRE 数学考试中的所有题目都有既定的基本规则，这些规则会出现在数学部分最开始的说明（Direction）中。将其总结为如下三点：

1. 考试中所有的数字都是实数

GRE 数学题目中的整数、分数、小数都是实数，不考虑"虚数"。例如，一元二次方程 $x^2 = -1$，我们说这个方程无解（has no solutions），不考虑其虚数解。

2. 如果没有特殊说明，所有图都是平面图形

例如在下图中，ABCD 是正方形，CDEF 是菱形，求阴影部分的面积。根据基本规则，只有下图中所示的阴影部分的面积为所求，而不能把 CDEF 和 ABCD 理解为类似于文件夹的立体图形。

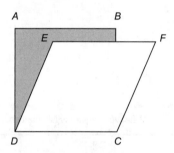

3. 题目中的图形不一定是按照比例画的

（1）几何图形，比如直线、圆、三角形和四边形，不一定是按比例画的（not necessarily drawn to scale）。

也就是说，在没有文字描述的情况下，无法仅从图中判断图形的长度和角度的大小。

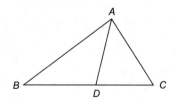

例如上图，**不能**从图中判断长度和角度的大小关系，如：

① $AB > AC$；

② $BD > DC$；

③ $\angle B$ 是锐角，$\angle A$ 是直角。

但可以从图中判断相对位置结构，如：

① ABC 是个封闭的三角形；

② D 点在线段 BC 上，且不与 B 点或 C 点重合。

（2）坐标系，如直角坐标系、数轴，是按比例画的（drawn to scale）。

（3）图表，如条形图、饼状图、折线图，是按比例画的（drawn to scale）。

有"刻度"的图都是可以直接从图中读数的。即使没有具体数值，其相对位置关系也是可以确定的。

如下图：

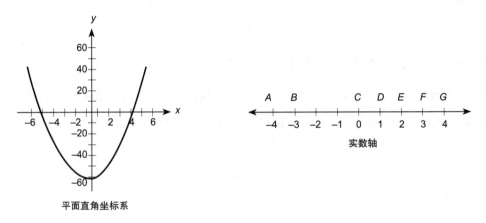

平面直角坐标系

实数轴

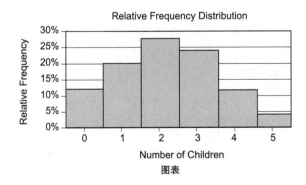

图表

是否能判断图形的大小和位置一直是 GRE 数学的易错点，这点会在后面的知识点讲解中具体展开。

目录

自测题目

说明

1. 本套测试题共 20 题，测试时间为 35 分钟。

2. 测试时可以使用简易计算器和草稿纸。

3. 完成测试后，可参考本章的题目解析，若不理解解析中提到的具体知识点，可继续阅读本书后面的内容，部分难题在后面还有详细讲解。

自测题目

1. In the triangle below, $AB = 4$, $AC = 8$.

Quantity A	Quantity B
The area of triangle ABC	14

Ⓐ Quantity A is greater.

Ⓑ Quantity B is greater.

Ⓒ The two quantities are equal.

Ⓓ The relationship cannot be determined from the information given.

2. x is an integer greater than 1.

Quantity A	Quantity B
3^{x+1}	4^x

Ⓐ Quantity A is greater.

Ⓑ Quantity B is greater.

Ⓒ The two quantities are equal.

Ⓓ The relationship cannot be determined from the information given.

3.

Quantity A	Quantity B
The two-digit integer that equals twice the sum of its digits	14

   Ⓐ Quantity A is greater.

   Ⓑ Quantity B is greater.

   Ⓒ The two quantities are equal.

   Ⓓ The relationship cannot be determined from the information given.

4. What is the sum of all possible solutions to the equation: $\sqrt{2x^2 - 5x - 3} = x - 1$.

   Ⓐ −1   Ⓑ 1   Ⓒ 3   Ⓓ 4   Ⓔ 5

5. Suppose *ABCD* is a rectangle, *O* is the center of the circle. If the coordinates of *O* are (−1, 0), coordinates of *A* are (−2, 1), and coordinates of *D* are (3, 6) then what are the coordinates of *C*?

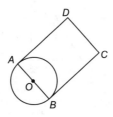

   Ⓐ (5, 6)   Ⓑ (6, 5)   Ⓒ (6, 4)   Ⓓ (4, 6)   Ⓔ (5, 4)

6. One thousand stones were weighed, and the resulting measurements, in grams, are summarized in the following boxplot. If the 90th percentile of the measurements is 135 grams, about how many measurements are between 126 grams and 135 grams?

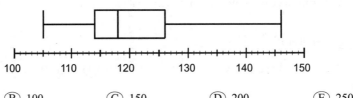

   Ⓐ 90   Ⓑ 100   Ⓒ 150   Ⓓ 200   Ⓔ 250

7. In a probability experiment, the events *A* and *B* are independent of each other. The probability of *A* occurring is p_1, while the probability of *B* occurring is p_2.

Quantity A	Quantity B
The probability of either *A* or *B* occurring, but not both	$p_1 + p_2 - p_1 \times p_2$

   Ⓐ Quantity A is greater.

   Ⓑ Quantity B is greater.

Ⓒ The two quantities are equal.

Ⓓ The relationship cannot be determined from the information given.

8. Find the remainder when $3191^{2025} - 3159^{2025}$ is divided by 16.

9. The question below is based on the following data.

Survey Results: Number of Students Participating in Activities and Receiving Rewards

*Number of Students Surveyed: 1,200

Rewards \ Activities	Sports Teams	Music Club	Science Club	Drama Club	Art Club	Number of Students Receiving Reward
Scholarships	720	500	450	350	600	800
Trophies	480	300	400	250	350	600
Certificates	200	150	180	120	140	350
Gift Cards	180	140	150	110	100	323
Number of Students Participating in Activity	900	700	600	400	850	

Note: each shaded cell is the intersection of an activity column and a reward row and contains the number of students (out of the 1,200 surveyed) both participating in that activity and receiving that reward. For example, 720 of the students surveyed participate in sports teams and receive scholarships.

A brand plans to promote its new product on a college campus by partnering with one of the most popular student activities (participated in by more than $\frac{2}{3}$ of the students surveyed). As part of the promotion, the brand will offer a reward package consisting of two different rewards from the reward options received by more than $\frac{1}{4}$ of the students surveyed. How many unique combinations of activities and rewards can the brand create based on these criteria?

10. In how many ways can Ann, Bob, Chunk, Don and Ed be seated in a row such that Ann and Bob are not seated next to each other?

Ⓐ 24   Ⓑ 48   Ⓒ 56   Ⓓ 72   Ⓔ 96

11. Suppose x and y are selected randomly from the set $\{1, 2, 3, 4, 5\}$ and they can repeat. What is the probability that $xy+y$ is odd?

12. m equals to the product of 54 and 63 and m is divisible by 3^n, what is the greatest possible value of n?

    Ⓐ 2   Ⓑ 3   Ⓒ 4   Ⓓ 5   Ⓔ 6

13. List A composes of n consecutive positive integers.

Quantity A	Quantity B
The average of list A	The median of list A

    Ⓐ Quantity A is greater.

    Ⓑ Quantity B is greater.

    Ⓒ The two quantities are equal.

    Ⓓ The relationship cannot be determined from the information given.

14. A, B, C, D, E are five real numbers. A is 50% greater than B. B is 20% less than C. C is 2 times as D. D is 3 greater than E. If $E = 2$, then what is the value of A?

15.

Quantity A	Quantity B
$\sqrt{a^{2m}a^{2n}}$	a^{mn}

    Ⓐ Quantity A is greater.

    Ⓑ Quantity B is greater.

    Ⓒ The two quantities are equal.

    Ⓓ The relationship cannot be determined from the information given.

16. How many integers are there in the set $-4 < x^2 + 5x < 14$?

17. Hal has 4 girl friends and 5 boy friends. In how many different ways can Hal invite 2 girls and 2 boys to his birthday party?

    Ⓐ 54   Ⓑ 60   Ⓒ 72   Ⓓ 120   Ⓔ 240

18. A circle P has area 2π, and another circle Q has area 8π. What is the ratio of the circumference of P to the circumference of Q?

    Ⓐ 1 to 2   Ⓑ 1 to 3   Ⓒ 1 to 8   Ⓓ 1 to 16   Ⓔ 1 to 32

19. A certain printer can produce 45 pages from one ink cartridge, and each cartridge costs $3.49. Approximately how much will the ink cost if someone needs to print 400 pages?

    Ⓐ $10   Ⓑ $20   Ⓒ $30   Ⓓ $40   Ⓔ $50

20. If x and y are integers and xy^3 is a positive odd integer, which of the following must be true?

A｜$x+y$ is even.

B｜xy is positive.

C｜x^2y is positive.

答案

1	2	3	4	5	6	7	8	9	10
D	D	A	D	E	C	D	0	12	D

11	12	13	14	15	16	17	18	19	20
0.24	D	C	12	D	4	B	A	C	AB

后续学习建议

题目正确个数	第一章学习要求	第二、第三章学习要求
0~7	用 6 小时，认真研读每一个知识点。	掌握第一章知识点后，根据个人的目标分数和基础情况，用 16 小时以上的时间练习题目并阅读题目讲解。
8~14	用 4 小时，学习知识点，对不熟悉的地方重点关注。	掌握第一章知识点后，根据个人的目标分数和基础情况，用 12 小时以上的时间练习题目并阅读题目讲解。
15~20	用 2 小时快速浏览知识点。	用约 8 小时练习题目并阅读题目讲解。

题目讲解

第 1 题

答案：D

解析：题目没有告诉我们三角形的具体类型，所以无法仅从图中确定 ABC 是否为直角三角形。唯一能确定的条件是 $AB=4$，$AC=8$。则 ABC 的面积不是一个定值。此时需要求出面积的取值范围，也就是它的最小值和最大值。最小值：当三条边无限接近成一条直线，面积接近 0。最大值：以 AB 做底，那么三角形的高最大时，面积最大，即当 AC 和 AB 两条边成直角时，面积最大，等于 $4×8/2=16$。因此，$0 < \triangle ABC$ 面积 $\leqslant 16$，答案为 D 选项。（本题进一步说明请见第二章第一节。）

第 2 题

答案：D

解析：我们可以直接代入几组较小的数字来确定答案：当 $x=2$，$3^{x+1}=27$，$4^x=16$，A＜B；当 $x=3$，$3^{x+1}=81$，$4^x=64$，A＜B；当 $x=4$，$3^{x+1}=243$，$4^x=256$，A＞B；所以答案为 D 选项。

【延伸】这里 Quantity A 和 B 都可以看作是指数函数，底数越大，每多乘一次，上涨速度就会越快。若 x 取较大的值，4^x 必然会大于 $3^x×3$（即 3^{x+1}）。那么再考虑，当 x 取一个比较小的值的时候，它是大于还是小于，即可判断出最后答案。

第 3 题

答案：A

解析：Quantity A 的含义是：等于它自己数位之和的 2 倍的两位整数。则设 Quantity A 的个位数字是 y，十位数字是 x，得到 $10x+y=2(x+y)$，可以将其化简为 $8x=y$。因为 x 只能取 1 到 9 的整数，y 只能取 0 到 9 的整数，所以，x 只能取 1，得出 $y=8$。那么两位数 $\overline{xy}=18$，大于 14。所以答案为 A 选项。

第 4 题

答案：D

解析：将方程式两边同时平方，得出：

$$2x^2-5x-3=(x-1)^2$$

$$x^2-3x-4=0$$

$$(x-4)(x+1)=0$$

$$x=4 \text{ 或 } x=-1$$

由于平方根 $\geqslant 0$，因此 $x-1 \geqslant 0$，因此方程只有 $x=4$ 这个解。所以答案为 D 选项。

第 5 题

答案：E

解析：$ABCD$ 是个长方形，O 是圆心，$A(-2,1)$，$O(-1,0)$，$D(3,6)$，那么 $AO=OB$，$AB=DC$。又知，以上线段平行或方向一致，则 AO 两点的横纵坐标差与 OB 两点的横纵坐标差相等，得出 $B(0,-1)$；AB 两点的横纵坐标差与 DC 两点的横纵坐标差相等，得出 $C(5,4)$。所以答案为 E 选项。

第 6 题

答案：C

解析：本题考查四分位数和百分位数的问题。1000 块石头称重，第 90 个百分位数（90%）对应的数据是 135 克，从箱线图中得出 Q3 对应的数据是 126 克。根据 Q3（四分位数中第三个分位）是第 75 个百分位数，即数据 126 克对应 75%，可以得出 $(90\%-75\%)\times 1000=150$，所以答案为 C 选项。

第 7 题

答案：D

解析：因为 A 和 B 是两个独立事件，所以 $P(A \text{ and } B)=p_1p_2$。Quantity A $= P(A \text{ or } B) - P(A \text{ and } B) = (p_1+p_2-p_1p_2)-p_1p_2=p_1+p_2-2p_1p_2$。由于 $0 \leqslant$ 概率 $P \leqslant 1$，所以 $0 \leqslant p_1 \leqslant 1$，$0 \leqslant p_2 \leqslant 1$，则 $0 \leqslant p_1p_2 \leqslant 1$。当 $p_1p_2=0$ 时，Quantity A = Quantity B；当 $p_1p_2>0$ 时，Quantity A < Quantity B。所以答案为 D 选项。

第 8 题

答案：0

解析：$3191^1-3159^1=32$，能被 16 整除，余数为 0；$3191^2-3159^2=(3191-3159)(3191+3159)=32\times(3191+3159)$，能被 16 整除，余数为 0。由此归纳出 3192^n-3159^n 也能被 16 整除，余数为 0。所以答案是 0。

【注意】此处并非严格的归纳。此题也可用因式分解公式或同余的知识解答，但 GRE 数学不考查这些知识点，只需会简单的找规律即可。）

第 9 题

答案：12

解析：本图表标题含义是参加活动和获得奖励的学生人数的调查结果，一共有 1200 人参与调查。阴影格的数字是既参加了某项活动又获得了某种奖励的人数，最右列是获得了某种奖励的总人数，最下面的一行是参加某种活动的总人数。本题问的是一个品牌想从有超过 $\frac{2}{3}$ 的学生参与的活动中选 1 个，超过 $\frac{1}{4}$ 的学生获得的奖励里任选 2 种，一共有多少种活动 + 奖励的组合？

活动：总人数有 1200，则超过 $\frac{2}{3}$ 的学生参与就需要超过 $1200 \times \frac{2}{3}$ =800 人，在表中共有 2 种——运动队和艺术俱乐部，要从中选 1 种，则有 C_2^1 =2 种选法；

奖励：同理，超过 $\frac{1}{4}$ 就是需要超过 $1200 \times \frac{1}{4}$ =300 人，在表中的 4 种奖励均满足条件，要从中选 2 种，则有 C_4^2 =6 种选法；

最后用乘法原理：这种组合共有 $2 \times 6 = 12$ 种可能；所以答案是 12。

第 10 题

答案：D

解析：5 个人所有排列的情况减去 Ann 和 Bob 相邻的情况，就是不相邻的情况。5 个人的全排列是 A_5^5。若 A 和 B 相邻：（1）把 AB 视为 1 个整体，则 AB、C、D、E 做排列，即有 A_4^4 种情况；（2）A 和 B 内部又有 AB 和 BA 两种排列方式，即有 A_2^2 种情况。因此，AB 相邻的情况，用乘法原理可得共有 $A_4^4 A_2^2$ 种，则 AB 不相邻的情况共有 $A_5^5 - A_4^4 A_2^2 = 72$ 种。所以答案为 D 选项。

第 11 题

答案：0.24

解析：由 $xy+y$ 是奇数，可以推出 xy 和 y 是一奇一偶。若 y 是偶数，x 是奇数，$xy+y$ 是偶数，不符合题意。若 y 是奇数，x 是偶数，$xy+y$ 是奇数，符合题意。

接下来就要从 {1, 2, 3, 4, 5} 中选 1 个奇数和 1 个偶数。{1, 2, 3, 4, 5} 中一共有 2 个偶数，3 个奇数。因此 x 有 2 个选择：2、4；y 有 3 个选择：1、3、5。则用乘法原理算出 $xy+y$ 是奇数的情况有 $2 \times 3 = 6$ 种。不考虑奇偶性，则总的选择有 $5 \times 5 = 25$ 种。所以，概率 $P = 6/25 = 0.24$。

第 12 题

答案：D

解析：$m = 54 \times 63 = 3^5 \times 2 \times 7$，$m$ 可以被 3^n 整除，那么 n 最大是 5。所以答案为 D 选项。

第 13 题

答案：C

解析：n 个连续正整数的平均数和中位数相等。所有答案为 C 选项。

第 14 题

答案：12

解析：根据题目可以得出：$A = (1+50\%)B$；$B = (1-20\%)C$；$C = 2D$；$D = E+3$；$E = 2$。所以，$A = 12$。

第 15 题

答案：D

解析：

$$\sqrt{a^{2m}a^{2n}} = \sqrt{a^{2m+2n}} = a^{(m+n)}$$

$a^{(m+n)}$ 和 a^{mn} 无法进行比较，因为对于任意实数 m 和 n，$m+n$ 和 mn 大小关系都无法确定。所以答案为 D 选项。

第 16 题

答案： 4

解析：

$$-4 < x^2 + 5x < 14$$

化简成为不等式组

$$x^2 + 5x - 14 < 0$$

$$x^2 + 5x + 4 > 0$$

转换为

$$(x+7)(x-2) < 0$$

$$(x+4)(x+1) > 0$$

解集为

$$-7 < x < -4 \ \text{和} \ -1 < x < 2$$

x 是整数，可以得出结果有 -6，-5，0，1 四个数。所以，答案是 4。

第 17 题

答案： B

解析： 第一步选择女孩，从 4 个人里面选择 2 个人 C_4^2；第二步选择男孩，从 5 个人里面选择 2 个人 C_5^2。根据乘法原理可以得出 $C_4^2 \times C_5^2 = 60$。所以答案为 B 选项。

第 18 题

答案： A

解析： 本题考查圆的面积和周长。因为圆的面积 $S = \pi r^2$，P 的面积是 2π，得出 P 的半径是 $\sqrt{2}$。由 Q 的面积是 8π，得出 Q 的半径是 $\sqrt{8}$。周长 $C = 2\pi r$。那么，P 的周长：Q 的周长 $= 2\pi \times \sqrt{2} : 2\pi \times \sqrt{8} = \sqrt{2} : \sqrt{8} = 1 : 2$

当然也可以用图形相似的性质来做。两个圆天生就相似，又因为相似图形的面积比等于相似比的平方，周长比就等于相似比，所以由 P 和 Q 的面积比 $= 2\pi : 8\pi = 1 : 4$，得到相似比是 $1 : 2$，周长比也是 $1 : 2$。

所以答案为 A 选项。

第 19 题

答案： C

解析： 一个墨盒可以打印 45 页，那么打印 400 页就需要 400/45 个墨盒。而一个墨盒的价格是 \$3.49，因此打印 400 页的金额为 $400/45 \times 3.49 \approx 31$，最接近的选项是 30，所以答案为 C 选项。

第 20 题

答案： AB

解析： 条件：xy^3 是正奇数，可以拆解为 $xy^3 > 0$，且 xy^3 是奇数。由 $xy^3 > 0$，可以得出 x 和 y^3 同号（同为正数或同为负数），又 y^3 与 y 同号，则 x 和 y 同号，那么 B 选项 xy 是正数，正确。因为 $x^2 > 0$，那么 $y > 0$ 时，$x^2 y > 0$；$y < 0$ 时，$x^2 y < 0$，不一定是正数，因此不选 C 选项 $x^2 y$。又由 xy^3 是奇数，得到 $x \times y \times y \times y$ 是奇数，那么 x 和 y 都是奇数。那么 A 选项 $x + y$ 是偶数（奇数 + 奇数 = 偶数），正确。

所以答案选 A 和 B。

第一章

知识点与例题讲解

本章将《GRE 数学官方指南》中涉及的所有知识点，包括算术、代数、几何和数据分析，按照国内考生从小学到高中学习数学的习惯进行讲解，帮助考生唤起记忆深处的数学知识。为了方便考生理解数学基础概念，部分题目直接用中文给出。

第一节 算术

知识结构图

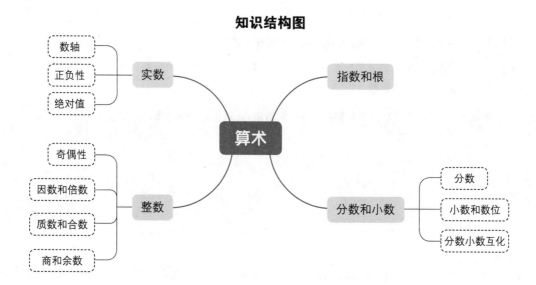

1. 实数 >>

1.1 概念

实数，是有理数和无理数的总称。数学上，实数定义为与数轴上的点相对应的数。实数可以直观地看作有限小数与无限小数。

形如 $-\sqrt{7}$，$-\dfrac{5}{3}$，-0.2，$\dfrac{1}{4}$，$\sqrt{5}$，$2.\dot{6}$ 这样的数字，都是实数（real number）。《GRE 考试官方指南》中指出，GRE 数学考试题目中的数都是实数，不涉及虚数。

1.2 数轴

每个实数都能画在一条被称作数轴（number line）的直线上，而数轴上的点也都代表一个实数，实数与数轴上的点是一一对应的。

1.1 中的例子：$-\sqrt{7}$，$-\dfrac{5}{3}$，-0.2，$\dfrac{1}{4}$，$\sqrt{5}$，$2.\dot{6}$ 都可以画在一条数轴上。

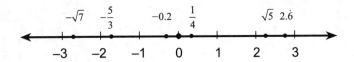

【注意】GRE 数学考试中的数轴两边都有箭头，但也和单箭头数轴相同，右边是正方向，越靠右的数值越大。

1.3 正负性

实数分为正数（positive number）、负数（negative number）和 0。

两个实数相乘，满足如下规律：

- 正数 × 正数 = 正数，如，$2 \times 5 = 10$。
- 正数 × 负数 = 负数，如，$2 \times (-5) = -10$。
- 负数 × 负数 = 正数，如，$(-2) \times (-5) = 10$。

对于以上规律可以总结为："同号相乘得正，异号相乘得负"。

【拓展】多个非零实数的乘积的正负性取决于负数的个数：负数的个数为奇数，则乘积为负数；负数的个数为偶数，则乘积为正数。

例 1：已知 a 为正数，b 为偶数，下列哪些选项一定是正数?（不定项选择题）

　　Ⓐ ab

　　Ⓑ $a(b+2)$

　　Ⓒ ab^2

　　Ⓓ $a(b^2+2)$

　　Ⓔ $a(b+2)^2$

答案： D

解析： 题目问的是"一定是正数"，那么若选项存在反例则不能选。已知 a 为正数，b 是偶数，则 b 可能是正数、负数或 0。A 选项中，若 $b<0$，正 × 负 = 负，不选 A；B 选项中，若 $b+2<0$，正 × 负 = 负，不选 B；C 选项中，$a>0$，$b^2 \geq 0$，因此 $b=0$ 时（0 是偶数），ab^2 可能为 0 而非正数，不选 C；D 选项中，$a>0$，$b^2+2 \geq 2>0$，正 × 正 = 正，因此 D 一定正确；E 选项中，$a>0$，$(b+2)^2 \geq 0$，因此，$a(b+2)^2$ 可能为 0 而非正数，不选 E。

1.4 绝对值

一个实数 x 的绝对值（absolute value）用符号 $|x|$ 表示。

（1）代数意义：

$|x|$ 的值可以分情况讨论：当 $x \geq 0$ 时，$|x|=x$；当 $x<0$ 时，$|x|=-x$。那么，如果已知 $|x|=4$，则 x 的值可能有两种情况：$x=4$ 或 $x=-4$。

（2）几何意义：

$|x|$ 的值即为在数轴上 x 与 0 之间的距离。例如，在数轴上，3 与 0 的距离是 3，所以 $|3|=3$；-2 与 0 的距离是 2，所以 $|-2|=2$。因为两点之间的距离必定大于或等于 0，所以 $|x| \geq 0$。

【拓展】数轴上的两个数 a 与 b 之间的距离，可以表示为 $|a-b|$ 或 $|b-a|$。

例 2：Point a and b are on the number line, the distance between a and b is 7, if $a = 7$, what is the possible value of b?

答案：0 或 14

解析：a 与 b 之间的距离为 $|a-b| = |7-b| = 7$，因此 $7-b = 7$ 或 $7-b = -7$，$b = 0$或14。

【注意】GRE 数学中出现绝对值的题目，我们优先采用其几何意义，也就是画数轴的方式解答。在 4.1 小节中将重点讲述。

2. 整数 >>

2.1 基本概念

形如 $\{\cdots, -3, -2, -1, 0, 1, 2, 3, \cdots\}$ 的不含小数部分的实数称为整数（integer）。

（1）按照正负性划分，整数可以分为：正整数（positive integer）、负整数（negative integer）、零（zero）。

（2）按照奇偶性划分，整数可以分为：① 偶数（even number），是 2 的倍数，即末位数字为 0，2，4，6，8 中的一个；② 奇数（odd number），不是 2 的倍数，即末位数字为 1，3，5，7，9 中的一个。

【注意】0 也是偶数。

2.2 奇偶性

了解了奇偶性的基本概念后，GRE 数学还要求考生了解整数做加减运算和乘法运算时奇偶性的规律。

（1）加减运算

两个整数**相加或相减**，结果的奇偶性遵循以下规律：

奇 ± 奇 = 偶，例如：$1 + 3 = 4$；$9 - 5 = 4$。

偶 ± 偶 = 偶，例如：$2 + 2 = 4$；$4 - 4 = 0$。

奇 ± 偶 = 奇，例如：$1 + 2 = 3$；$1 - 4 = -3$。

（2）乘法运算

两个整数**相乘**，结果的奇偶性遵循以下规律：

奇 × 奇 = 奇，例如：$1 \times 3 = 3$；$9 \times 5 = 45$。

偶 × 偶 = 偶，例如：$2 \times 2 = 4$；$4 \times 0 = 0$。

奇 × 偶 = 偶，例如：$1 \times 2 = 2$；$1 \times (-4) = -4$。

以上规律可以推广到多个整数相加减或相乘，在之后的讲解中会对推广规律进行详细说明。

例 3：假设 a 是偶数，b 是奇数，分别判断下面数字的奇偶性：

（1）$a + 2b$

（2）$2a - b$

（3）ab

（4）$a^2 + b^2$

（5）$(a-b)^3$

答案:（1）偶。因为 $2b$ 为偶数，$a+2b$ 为偶 + 偶 = 偶。

（2）奇。因为 $2a$ 为偶数，$2a-b$ 为偶 − 奇 = 奇。

（3）偶。ab 为偶 × 奇 = 偶。

（4）奇。a^2+b^2 为偶 + 奇 = 奇。

（5）奇。因为 $a-b$ 为偶 − 奇 = 奇，$(a-b)^3$ 为奇 × 奇 × 奇 = 奇。

【注意】（4）（5）题涉及整数平方和立方的奇偶性，需要知道：**一个整数乘方的奇偶性与这个数自身的奇偶性相同**。因为如果这个数是奇数，多少个奇数的乘积都是奇数；如果这个数是偶数，多少个偶数的乘积也都是偶数。例如，1 是奇数，1^3 也是奇数，1^{2018} 也是奇数；2 是偶数，2^6 也是偶数，2^{2019} 也是偶数。利用这个规律可以加快做题速度。

2.3 因数和倍数

如果 $a \times b = c$，且 a，b，c 均为正整数，则称 a 和 b 是 c 的因数（factor/divisor），c 是 a 和 b 的倍数（multiple），也称 c 可以被 a 或 b 整除（c is divisible by a or b.）。

【注意】（1）GRE 数学只讨论正因数和正倍数。

（2）一个整数最小的正因数是 1，最大的正因数是这个整数本身。

2.3.1 2，3，4，5，6，9 的倍数的特点

GRE 数学题目要求考生可以熟练判断 2，3，4，5，6，9 的倍数，这些倍数的判断方法如下：

（1）只看个位数——2，5 的倍数。

2 的倍数：个位数为 0，2，4，6，8 的整数。例如 138，个位数为 8，因此 138 是 2 的倍数。

5 的倍数：个位数为 0 或 5 的整数。例如 6,765，个位数为 5，因此 6,765 是 5 的倍数。

【拓展】一个数除以 5 的余数也只和这个数的个位数有关，比如题目提到某个正整数除以 5 余 1，则是在暗示这个数的个位数是 1 或 6。

（2）看末两位数——4 的倍数。

4 的倍数：末两位数是 4 的倍数。例如 288，末两位 88 是 4 的倍数，因此 288 是 4 的倍数。

（3）看各个数位上的数相加的和——3，9 的倍数。

3 的倍数：各个数位上的数相加的和是 3 的倍数。例如 138，各个数位相加，1+3+8 = 12 是 3 的倍数，因此 138 是 3 的倍数。

9 的倍数：各个数位上的数相加的和是 9 的倍数。例如 873，各个数位相加，8+7+3 = 18 是 9 的倍数，因此 873 是 9 的倍数。

【拓展】可以用十进制本身的性质来证明 3 或 9 的倍数的判断方法。对于一个四位数 $\overline{abcd}$（千位数 a，百位数 b，十位数 c，个位数 d）：

$$\overline{abcd} = 1000a+100b+10c+d = 999a+a+99b+b+9c+c+d = (999a+99b+9c)+(a+b+c+d)$$

把这个四位数分成了两部分，$(999a+99b+9c)$ 永远是 3 和 9 的倍数，而剩下的 $(a+b+c+d)$ 如果也是 3 或 9 的倍数，那么 $\overline{abcd}$ 就也是 3 或 9 的倍数。

（4）分解因数后判断——6 或其他合数的倍数。

6 的倍数：因为 6 = 2 × 3，所以只要一个数既是 2 的倍数又是 3 的倍数，那它就是 6 的倍数。也就是同时满足个位数是 0，2，4，6，8 以及各位上的数相加的和是 3 的倍数。例如 123,456，个位数是 6，且各位上的数之和 21 是 3 的倍数，所以 123,456 是 6 的倍数。

例 4：判断下列数字的倍数。

（1）下面哪些是 9 的倍数?（选出所有符合条件的选项）

A 6　　　　　B 9　　　　　C 18　　　　　D 21　　　　　E 36

F 87,562　　　G 1,234,566

（2）728?70 是一个六位数，"?" 代表其中的百位数，这个六位数不可能是以下哪个数的倍数?

Ⓐ 2　　　　　Ⓑ 3　　　　　Ⓒ 4　　　　　Ⓓ 6　　　　　Ⓔ 9

答案：（1）BCEG

（2）C（末两位数 70 不是 4 的倍数，所以不论 "?" 是几，这个六位数都不可能是 4 的倍数。而只要改变 "?" 的值使其数位之和满足条件，即可成为 3，6，9 的倍数。）

2.3.2 最大公因数和最小公倍数

最大公因数（Greatest Common Divisor）是若干个正整数的公有的因数的最大值。例如，4 的因数有 1，2，4；6 的因数有：1，2，3，6；那么 2 就是 4 和 6 的最大公因数。

视频讲解

最小公倍数（Least Common Multiple）是若干个正整数的公有的倍数的最小值。例如，4 的倍数和 6 的倍数中都有 12，24，36…，那么 12 就是 4 和 6 的最小公倍数。

算法：最大公因数和最小公倍数常采用短除法求解。

例 5：（1）求 30，50，60 的最大公因数。

如下图所示，用短除法求最大公因数，就是将所有数的公因数连续除掉，直到所有数没有除了 1 以外的公因数为止。然后将左侧出现的公因数相乘。因此 30，50，60 的最大公因数 = 2 × 5 = 10。

$$
\begin{array}{c|ccc}
2 & 30 & 50 & 60 \\
5 & 15 & 25 & 30 \\
\hline
& 3 & 5 & 6
\end{array}
$$

（2）求 30，50，60 最小公倍数。

如下图所示，用短除法求最小公倍数，就是将所有数的公因数，以及两两之间的公因数连续除掉，直到所有整数**两两之间**都没有除了 1 以外的公因数为止（无法整除的数字就直接写原数）。然后将左侧和下面所有整数相乘。因此 30、50、60 的最小公倍数 = 2 × 5 × 3 × 1 × 5 × 2 = 300。

$$
\begin{array}{c|ccc}
2 & 30 & 50 & 60 \\
5 & 15 & 25 & 30 \\
3 & 3 & 5 & 6 \\
\hline
& 1 & 5 & 2
\end{array}
$$

【注意】① 除了短除法外还有很多种方法可以求解最大公因数和最小公倍数，在下一小节中会讲如何用**质因数分解法**求解。

② 最大公因数和最小公倍数除了能解某些实际应用题之外，其他考法会在之后讲解，帮助大家更明白提出最大公因数和最小公倍数这两个概念的意义。

2.4 质数和合数

视频讲解

在大于 1 的整数中，除了 1 和它本身以外，没有其他因数的数被称为**质数**（prime number）；除了 1 和它本身以外，还有其他因数的数被称为**合数**（composite number）。

从本质上讲，"prime"这个单词本身有"最基本的""不可拆分的"意思，可以看出其实质数就是不可拆分的整数。

例如，2 是质数，若将 2 拆成两个整数相乘的形式，发现 $2 = 1 \times 2$，它不能拆成除了它本身以外的整数相乘的形式，说明 2 已经不可再拆分了。

而 $6 = 2 \times 3$，它还能拆成其他整数相乘的形式，说明 6 是"被其他整数合起来的"，则说 6 是合数。

因此，研究质数其实就是在研究整数如何做拆分。质数就如同所有整数的"基因"，这个"基因"决定了这个整数有怎样的性质。在后续做题过程中就能不断印证这一点。

2.4.1 质数的性质

（1）2 是最小的质数。注意 1 不是质数也不是合数。

（2）除 2 以外，所有的质数都是奇数。推论：大于 2 的偶数都不是质数。

例 6：n 是一个质数，下面哪个选项一定不是质数？

  Ⓐ $n-3$ Ⓑ $n-1$ Ⓒ $n+1$ Ⓓ $n+5$ Ⓔ $n+7$

答案：E

解析：n 是质数，质数中除 2 以外均是奇数，比 2 大的偶数都一定不是质数。因此，本题可以通过奇偶性解题。质数可以分为偶数 2 和奇数，当 $n = 2$ 时，$n+1 = 3$，$n+5 = 7$ 均为质数，可排除 C、D。$n+7 = 9$ 是合数，需要继续讨论。当 n 为奇数时，$n-3$，$n-1$，$n+7$ 为偶数，若想判断其是否为质数，只需要考虑其能否为 2，因为偶数中仅有 2 是质数。选项 A，假设 $n = 5$，$5-3 = 2$，因此 $n-3$ 可能是质数，排除。选项 B，假设 $n = 3$，$3-1 = 2$，因此 $n-1$ 可能是质数，排除。选项 E，n 是一个质数，不可能小于 0，因此 $n+7$ 不可能为 2，故 $n+7$ 不可能是质数。综上，答案为 E。

2.4.2 质因数分解

任意一个合数都可以分解成若干个质数乘积的形式，叫作**质因数分解**。例如，$60 = 2^2 \times 3 \times 5$，即 60 可以分解为 3 个不同质因数（prime factors）的乘积。

【注意】为了后面做题方便，做质因数分解时需将分解结果写成如下形式：

（1）把所有质因数从最小到最大排列。

（2）相同的质因数写成乘方的形式。

例如，分解 300 的质因数：$300 = 3 \times 100 = 3 \times 10^2 = 3 \times 2^2 \times 5^2 = 2^2 \times 3 \times 5^2$。

质因数分解的其中一个重要作用是求最大公因数和最小公倍数。

例7：（1）求 30，50，60 的最大公因数。

第一步：对上述三个数分解质因数：

$$30 = 2 \times 3 \times 5$$

$$50 = 2 \times 5^2$$

$$60 = 2^2 \times 3 \times 5$$

第二步：选取三个数中都出现过的质因数的最低次方，2 最低为 1 次方，3 在 50 中没有出现，5 最低为 1 次方。

第三步：因此，30，50，60 三个数的最大公因数可以表示为 $2^1 \times 3^0 \times 5^1 = 10$。

（2）求 30，50，60 最小公倍数。

第一步：对上述三个数分解质因数：

$$30 = 2 \times 3 \times 5$$

$$50 = 2 \times 5^2$$

$$60 = 2^2 \times 3 \times 5$$

第二步：选取三个数中出现的所有质因数的最高次方，2 最高为 2 次方，3 最高为 1 次方，5 最高为 2 次方。

第三步：因此，30，50，60 的最小公倍数可以表示为 $2^2 \times 3^1 \times 5^2 = 300$。

【注意】质因数分解的另一个考点是求一个整数的正因数个数，将在之后的学习中讲解。

2.4.3 百以内的质数

30 以内的质数：2，3，5，7，11，13，17，19，23，29。（要求：熟记）。

30 到 100 之间的质数：31，37，41，43，47，53，59，61，67，71，73，79，83，89，97。（要求：看到之后能反应出来它是质数）

2.5 商和余数

被除数 ÷ 除数 = 商（quotient）……余数（remainder），例如：$52 \div 7 = 7 \cdots 3$；$5 \div 7 = 0 \cdots 5$。

用符号表示，上述公式可以写作：$a \div d = q \cdots r$（a, d, q, r 均为整数）。

这个式子可以改写为 $a = d \times q + r$。例如上述例子还可以写成：$52 = 7 \times 7 + 3$；$5 = 7 \times 0 + 5$。

【注意】（1）在 GRE 数学中，只考查被除数 $a > 0$ 且除数 $d > 0$ 的情况。

（2）若被除数 a 小于除数 d，此时商 $q = 0$，余数 $r =$ 被除数 a，如，$1 \div 2 = 0 \cdots 1$。

（3）余数 r 的取值范围是 $0 \leqslant r < d$。

例8：When the positive integer n is divided by 7, the quotient is q and the remainder is 4. When $2n$ is divided by 7, the remainder is 1 and the quotient in terms of q is ____.

    (A) $q/2$ (B) $q/2+1$ (C) $2q$ (D) $2q+1$ (E) $2q+2$

答案：D

解析：做余数题的基本方法是，将"When the positive integer a is divided by d, the quotient is q and the remainder is r."的表述直接写成 $a = d \times q + r$ 的形式。故本题第一句话可改写为 $n = 7q + 4$ ①；本题第二句话中需要求商的值，于是设商为 x，则该句可改写为 $2n = 7x + 1$ ②；本题最终要用 q 来表示 x，则将①式的 n 代入②式，求得 $2(7q + 4) = 7x + 1$，整理得 $x = 2q + 1$，答案为 D 选项。

3. 分数和小数 >>

3.1 分数

形如 $\dfrac{a}{b}$ 的分数（fraction）（a 和 b 均为整数，$b \neq 0$），由分子（numerator）、分母（denominator）和分数线组成，上述分数等价于 $a \div b$。

将 $\dfrac{a}{b}$ 分子分母颠倒，得到的 $\dfrac{b}{a}$ 是 $\dfrac{a}{b}$ 的倒数（reciprocal）。一个分数和它的倒数相乘等于 1，即 $\dfrac{b}{a} \times \dfrac{a}{b} = 1$。

分数有如下性质：

（1）分母不能为 0，0 不能作除数。

（2）分数就是有理数（rational number），分数中的分子或分母经过约分或通分一定可以化为整数，不能出现根号、π 等无理数。例如，$\dfrac{\sqrt{2}}{2}$ 就不是一个分数。

3.2 小数和数位

所有分数都可以表示为小数（decimal）。

下表展现了小数 7142.857 的各个数位（digit）的英文表述。

7	1	4	2	.	8	5	7
千位	百位	十位	个位	小数点	十分位	百分位	千分位
Thousands	Hundreds	Tens	Ones/Units	Decimal Point	Tenths	Hundredths	Thousandths

3.3 分数小数互化

3.3.1 分数化小数

在考试中，把分数转化为小数，可以直接使用计算器计算。

例 9：比较 66% 和 $\dfrac{2}{3}$ 的大小。

解析：$66\% = 0.66$，$\dfrac{2}{3} = 0.6666\cdots$，因此 $66\% < \dfrac{2}{3}$。

3.3.2 小数化分数

把小数转化为分数则分为有限小数（terminating decimal）和循环小数（repeating decimal）两种情况：

（1）把有限小数化为分数，如 0.256。

只需要在分数的分子位置填写原小数，分母位置填 1，再进行通分即可。

$$0.256 = \frac{0.256}{1} = \frac{256}{1000} = \frac{32}{125}$$

（2）把循环小数化为分数。

形如 0.256256256… 的小数是循环小数。小数点后循环的部分称为循环节，利用循环节，循环小数也可以这样表示：

$$0.\overline{256} = 0.256256256\cdots$$

将循环小数化为分数，可以用**错位相减法**。以 0.256256256… 为例，步骤如下：

- 设原小数为 x，$x = 0.\overline{256}$。
- 观察循环节位数，循环节有 n 位，等式左右 $\times 10^n$。$0.\overline{256}$ 的循环节有 3 位，等式左右乘 10^3，即 1000；$1000x = 256.\overline{256}$。
- 等式左右减去原等式。$(1000-1)x = 256.\overline{256} - 0.\overline{256}$；$999x = 256$。
- 进行通分，约分。

$$x = \frac{256}{999}$$

例 10：What is the nearest value of $\dfrac{0.16667 \times 0.83333 \times 0.33333}{0.22222 \times 0.66667 \times 0.12500}$?

    Ⓐ 2.00   Ⓑ 2.40   Ⓒ 2.43   Ⓓ 2.49   Ⓔ 3.43

答案： D

解析： 因为是求近似值，可以通过把式子中的有限小数近似为循环小数，再转化为分数进行运算。利用上述方法可以得出 $0.16667 \approx 0.1666\cdots = \dfrac{1}{6}$；$0.83333 \approx 0.8333\cdots = \dfrac{5}{6}$；$0.33333\cdots \approx 0.333\cdots = \dfrac{1}{3}$；$0.22222 \approx 0.222\cdots = \dfrac{2}{9}$；$0.66667 \approx 0.666\cdots = \dfrac{2}{3}$；$0.12500 = \dfrac{1}{8}$。

$$\frac{0.16667 \times 0.83333 \times 0.33333}{0.22222 \times 0.66667 \times 0.12500} \approx \frac{\dfrac{1}{6} \times \dfrac{5}{6} \times \dfrac{1}{3}}{\dfrac{2}{9} \times \dfrac{2}{3} \times \dfrac{1}{8}} = \frac{5}{2} = 2.5$$

最接近的选项是 D。

【总结】 分子、分母均为小数的估算类题目常常将小数化为分数解决，分子、分母进行约分后就会得到答案。

4. 指数和根 >>

指数是形如 2^6 的形式，表示 6 个 2 相乘的运算，称为**乘方**。2^6 又被称作 2 的 6 次幂（power）。其中，2 是底数（base），6 是指数（exponent）。乘方的逆运算为开方，结果为根（root），例如 $\sqrt[6]{64}$。

GRE 考试中经常会出现考查某个数乘方的个位数的规律，大家不必特殊记忆，考场上可以列出前几项以找到规律求解。

例如，一个整数的个位数为 2，那么其乘方的个位数为 2，4，8，6 的循环，当指数除以 4 余数为 1 时，对应的乘方结果个位数字为 2，以此类推。例如，2^{541} 的个位数字为 2，因为 541 除以 4 余数为 1。

例 11：What is the remainder when 7^{246} is divided by 5?

    Ⓐ 0   Ⓑ 1   Ⓒ 2   Ⓓ 3   Ⓔ 4

答案： E

解析： 首先探究 7 的 n 次方的个位数的规律。

n	1	2	3	4	5	6	7	8
7^n 的个位数	7	9	3	1	7	9	3	1

可以发现 7 的 n 次方结果的个位数字遵循 7，9，3，1 循环的规律，246 除以 4 余数为 2，故 7^{246} 的结果的个位数字为 9，故该数字除以 5 后余数为 4，因此选 E。

"数学好"这三个字永远是相对的，只能每天比前一天进步一点。对于英语不好的文科生来说，GRE 数学的复习任重道远。第一要读懂题，第二要基础好，第三要重复、重复、再重复地练习。

——李小宁 微臣线下 GRE325 班学生

第二节 代数

知识结构图

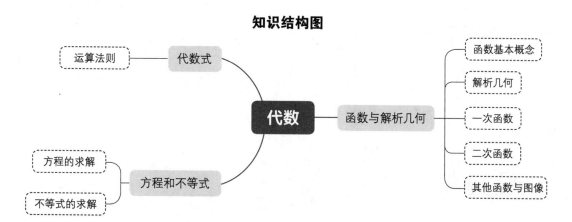

1. 代数式 >>

1.1 基本概念

在以下代数式中

$$2x^2 - 7xy^3 - 5 + 4x^2$$

$2x^2$，$-7xy^3$，-5，$4x^2$ 等都称作项（term）。

没有变量的项称作常数项（constant term），如 -5 是一个常数项。

变量前的倍数称作系数（coefficient），如 $-7xy^3$ 中的 -7 是 xy^3 的系数。

1.2 运算法则

下列是常用的代数式运算法则（除特殊说明，以下公式中 x 为任意实数，a 和 b 为整数）。

$$x^{-a} = \frac{1}{x^a} \qquad \frac{x^a}{x^b} = x^{a-b}$$

$$(x^a)^b = x^{ab} \qquad x^0 = 1, \ x \neq 0$$

$$x^a x^b = x^{a+b} \qquad (xy)^a = x^a y^a$$

例 12：指出下面哪些等式是正确的。

[A] $x^4 x^3 = x^7$

[B] $a^6 \div a^3 = a^2$

[C] $a^5 + a^5 = a^{10}$

[D] $(a^3)^2 = a^9$

[E] $(-ab^2)^2 = ab^4$

[F] $2x^{-2} = \dfrac{1}{2x^2}$

[G] $a^2 \cdot (-a)^2 = a^4$

[H] $a^6 - a^3 = a^3$

答案：AG

2. 方程与不等式 >>

2.1 方程的求解

例 13：解方程 $11x - 4 - 8x = 2(x+4) - 2x$。

解：$x = 4$。

例 14：解方程 $\dfrac{1-x}{x-1} = \dfrac{1}{x}$。

解：$x = -1$。

【注意】涉及分式，要注意验证所求的解不能使分母等于 0。

例 15：解方程 $|2y - 5| = 9$。

解：$2y - 5 = 9$ 或 -9；则 $y = 7$ 或 $y = -2$。

2.2 不等式的求解

对于单个不等式的求解，需掌握如下性质：

● 不等式两边同时加上或减去一个数，不等号方向不变。

● 不等式两边同时乘或除以一个正数，不等号方向不变。

● 不等式两边同时乘或除以一个负数，不等号方向改变。

● 不等式两边若同为正数或同为负数，且左右两边同时取倒数，不等号方向改变。例如，$5 > 3$，两边同为正数，此时可以两边同时取倒数，得到 $\dfrac{1}{5} < \dfrac{1}{3}$。

对于有两个以上的不等式需合并求解，可以用下面的性质加快运算速度：

● 两个不等式若符号方向相同，可以做加法。

例如，$5 > 3$，$-2 > -4$；两个不等式都是大于号，可以做加法合并。左右两边的数字分别相加，不等号方向不变，即 $5+(-2)>3+(-4)$ ，$3>-1$ 。

例 16：$a>b, c>d$

Quantity A	Quantity B
$a+c$	$b+d$

Ⓐ Quantity A is greater.

Ⓑ Quantity B is greater.

Ⓒ The two quantities are equal.

Ⓓ The relationship cannot be determined from the information given.

答案： A

3. 函数与解析几何 >>

3.1 函数基本概念

函数（function），如常见的 $y=f(x)$ ，$y=g(x)$ 。

视频讲解

其中 $f(x)$ 称为自变量为 x 时函数 f 的值，即将函数表达式中自变量 x 替换成其他的值，即可求出此时函数 f 的值。例如，已知函数 $f(x)=2x+1$ ，则 $f(1)=2\times1+1=3$ 。

函数 $f(x)$ 中自变量 x 的取值范围称作定义域（domain）。

我们可以形象地将函数理解为一个工厂，我们给函数 $f(?)$ 的括号里送入一个自变量，函数 f 就会像工厂一样把自变量套入"表达式"这个生产线，输出函数值。

【注意】 函数的自变量指的是 $f(?)$ 括号内的整体"？"，这个自变量不一定是 x ，可能是 y、z 等其他字母，也可能是数字，也可能是 $x+1$、y^2 等表达式。在赋值时，整体替换表达式中的自变量。例如 $f(x)=2x+1$ ，则 $f(x+1)=2(x+1)+1=2x+3$ 。

例 17：如果函数 $f(x)=x+3$ 的定义域是 $4\leqslant x\leqslant9$ ，求解以下问题：

（1）$f(x-3)$ 的定义域。

（2）$f(x-3)$ 所在定义域的 x 的取值范围。

答案：（1）$f(x-3)$ 的定义域是 $[4, 9]$ ，或写作 $4\leqslant x-3\leqslant9$ 。

（2）因为 $4\leqslant x-3\leqslant9$ ，所以 x 的取值范围是 $7\leqslant x\leqslant12$ 。

解析： $f(x-3)$ 与 $f(x)$ 都是同一个函数 f ，所以它们的定义域是相同的。只是定义域针对的自变量不同，$f(x)$ 中的自变量是 x ；$f(x-3)$ 中的自变量是 $x-3$ ，定义域是 $4\leqslant x-3\leqslant9$ ，通过不等式的性质可以求出此时 x 的取值范围。

例 18: 函数 $f\left(\dfrac{x+3}{2}\right)=3x^2-x+5$,求 $f(4)$ 。

解:由 $\dfrac{x+3}{2}=4$,得 $x=5$,代入 $3x^2-x+5$,得 75。

3.2 解析几何

"解析几何"又叫"坐标几何"(Coordinate Geometry),目的是建立代数表达式与平面图形的联系,也就是函数与函数图像的对应。

3.2.1 平面直角坐标系

在 GRE 数学考试的题目中,**平面直角坐标系**有三种表述方式:rectangular coordinate system,xy-coordinate system 和 xy-plane。

"coordinate"即"坐标",横坐标、纵坐标的英文表述分别是"x-coordinate"和"y-coordinate"。

坐标轴与原点:"x-axis""y-axis"即"x 轴"和"y 轴",坐标轴的交点称为**原点** (origin)。

象限:x 轴和 y 轴把平面分成的四个区域称为象限 (quadrant)。如图所示,从坐标系右上角的区域开始,按逆时针顺序,四个象限分别用罗马数字 Ⅰ 、Ⅱ 、Ⅲ 、Ⅳ表示。

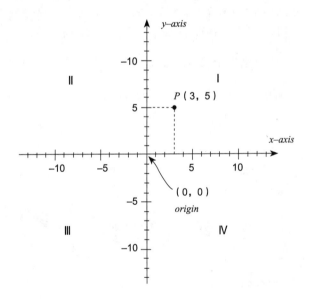

★ **对称点的坐标规律**

坐标系中两个对称的点,根据其对称中心或对称轴的不同,满足不同的坐标规律:

(a, b) 关于 x 轴的对称点是 $(a, -b)$

(a, b) 关于 y 轴的对称点是 $(-a, b)$

(a, b) 关于原点的对称点是 $(-a, -b)$

(a, b) 关于直线 $y=x$ 的对称点是 (b, a)

例 19：在平面直角坐标系中，点 B 与点 A 关于直线 $y=x$ 对称，点 C 与点 B 关于 x 轴对称。如果点 A 坐标是 $(2,3)$，那么点 C 的坐标是多少？

Ⓐ $(-3,-2)$　　Ⓑ $(-3,2)$　　Ⓒ $(2,-3)$　　Ⓓ $(3,-2)$　　Ⓔ $(2,3)$

答案：D

解析：如图所示，因为点 B 与点 A 关于直线 $y=x$ 对称，所以点 B 的坐标就是点 A 的横纵坐标互换，即 $(3,2)$。点 C 与点 B 关于 x 轴对称，所以点 C 的横坐标与点 B 的横坐标相同，纵坐标是点 B 纵坐标的相反数，即 $(3,-2)$。选择 D 选项。

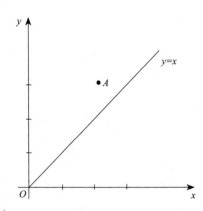

3.2.2 两点间距离公式

平面上两个点 (x_1,y_1) 和 (x_2,y_2) 之间的距离公式为

$$l = \sqrt{(x_1-x_2)^2+(y_1-y_2)^2}$$

平面直角坐标系中，求两点间距离，实际上是利用勾股定理求"斜边"长。

如图所示，求点 Q 到点 R 的距离，也就是放在直角三角形 QRS 中求斜边 QR 的长；两个直角边 QS 和 RS 的长度，分别是点 Q 和点 R 的横坐标差的绝对值和纵坐标差的绝对值。所以 $QR=\sqrt{(-2-4)^2+(-3-1.5)^2}=7.5$。

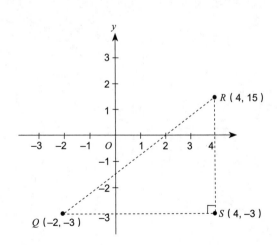

3.2.3 函数图像移动

如果把函数 $f(x)$ 的图像向上、向下、向左、向右平移，平移后得到的新函数的表达式，可以通过以下规律快速获得：

将 $f(x)$ 向上移动 c 个单位，则平移后的函数是 $f(x)+c$。

将 $f(x)$ 向下移动 c 个单位，则平移后的函数是 $f(x)-c$。

将 $f(x)$ 向左移动 c 个单位，则平移后的函数是 $f(x+c)$。

将 $f(x)$ 向右移动 c 个单位，则平移后的函数是 $f(x-c)$。

例 20：写出将函数 $f(x)=(x+1)^2$ 按以下方式平移后的表达式。

（1）向上平移 2 个单位。

（2）向右平移 1 个单位。

答案：（1）$f(x)+2=(x+1)^2+2$

（2）$f(x-1)=\left[(x-1)+1\right]^2=x^2$

解析：（1）根据以上规律，向上移动函数，则在原函数上直接加平移的单位数量，则新函数为
$f(x)+2=(x+1)^2+2$。

（2）根据以上规律，向右移动函数，则将原函数中的原自变量全部替换为（原自变量 – 平移单位数量），对于本题则将 x 替换为 $(x-1)$，则新函数为 $f(x-1)=\left[(x-1)+1\right]^2=x^2$。

3.3 一次函数

自变量 x 和函数值 y 满足 $y=kx+b$，此时 y 是 x 的一次函数。

在平面直角坐标系中，坐标 (x,y) 满足 $y=kx+b$ 的点构成一条直线。

3.3.1 斜率

一次函数表达式 $y=kx+b$ 中，k 代表直线的**斜率**（slope）。$|k|$ 越大，直线越陡峭；$|k|$ 越小，直线越平缓。

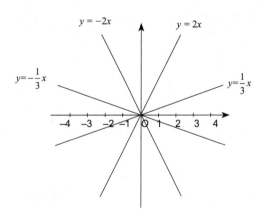

求直线斜率的方法是：取直线上不同的两点 $Q(x_1,y_1)$ 和 $R(x_2,y_2)$，用它们的纵坐标的差除以横坐标的

差，即 $k = \dfrac{y_1 - y_2}{x_1 - x_2}$。

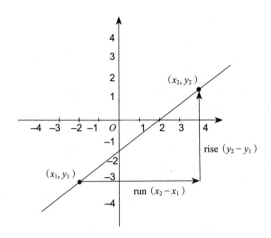

3.3.2 截距

$y = kx + b$ 中，b 表示直线的纵截距 (y-intercept)，即直线与 y 轴的交点的纵坐标。

类似地，直线与 x 轴的交点的横坐标称为横截距 (x-intercept)。

要注意**截距区分正负**，如下图中的直线与 y 轴的负半轴相交，则纵截距小于零。

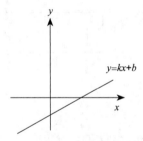

3.3.3 图像

在直角坐标系中，k 和 b 两个参数的正负性和对应的一次函数图像有如下的规律。$k > 0$，直线必经过一、三象限。

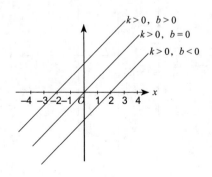

$k < 0$，直线必经过二、四象限。

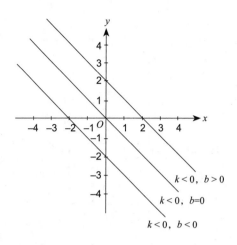

在直线方程中，还有两种特殊的情况：

（1）$k = 0$（$y = a$ 的形式），直线平行（或重合）于 x 轴。

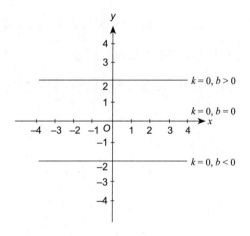

（2）k 不存在（$x = a$ 的形式），直线平行（或重合）于 y 轴。

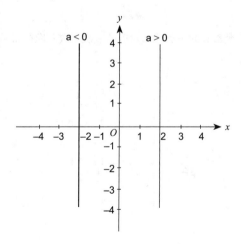

同样，做题时可以用作图像的方法来辅助判断一个直线的斜率和截距的正负性。

3.3.4 位置关系

在直角坐标系中，直线之间平行和垂直的位置关系也对应了斜率 k 的关系。如有两条不重合的直线 l_1 和 l_2：

（1）若 l_1 平行于 l_2，则两条直线的斜率相等，反之亦然，即 $l_1 /\!/ l_2 \Leftrightarrow k_1 = k_2$。

（2）若 l_1 垂直于 l_2，则两条直线的斜率相乘等于 -1，反之亦然，即 $l_1 \perp l_2 \Leftrightarrow k_1 \cdot k_2 = -1$。

例 21：在平面直角坐标系中，直线经过 $Q(-2, -3)$ 和 $R(4, 1.5)$ 两点。

（1）求这条直线的斜率。

（2）求这条直线的纵截距。

（3）求这条直线的横截距。

（4）判断点 $(10, 8)$ 是否在这条直线上。

（5）判断直线 $y = -\dfrac{4}{3}x + 9$ 是否与这条直线垂直。

（6）判断下面哪个点位于由直线 $x = 0$、直线 $y = 0$ 以及过 Q 和 R 的直线围成的区域内：$(1, -1)$、$\left(\dfrac{1}{2}, -1\right)$、$\left(\dfrac{3}{2}, -\dfrac{1}{2}\right)$。

答案：（1）$\dfrac{3}{4}$ 　（2）$-\dfrac{3}{2}$ 　（3）2 　（4）否 　（5）是 　（6）$\left(\dfrac{1}{2}, -1\right)$

解析：为了一系列问题求解方便，应先求出一次函数的表达式。利用已知的两个点在直线上这一条件，把点坐标带入 $y = kx + b$ 中，可以得到一个关于 k 和 b 的方程组，即可解出斜率和纵截距的值。得到表达式为 $y = \dfrac{3}{4}x - \dfrac{3}{2}$。

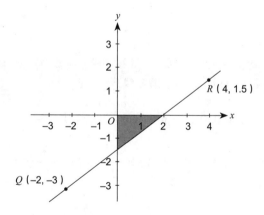

（1）斜率即 k 的值 $\dfrac{3}{4}$。

（2）纵截距即 b 的值 $-\dfrac{3}{2}$。

（3）横截距即直线与 x 轴交点的横坐标，令 $y = 0$，得到方程 $0 = \dfrac{3}{4}x - \dfrac{3}{2}$，求得 $x = 2$，所以横截距为 2。

（4）判断一个点是否在直线上，只需将坐标带入表达式，看等式是否成立。而 $\frac{3}{4} \times 10 - \frac{3}{2} = 6 \neq 8$，所以 $(10, 8)$ 不在直线上。

（5）判断两条直线是否垂直，只需将两个直线的斜率相乘，看乘积是否等于 -1。而 $\frac{3}{4} \times \left(-\frac{4}{3}\right) = -1$，所以两条直线垂直。

（6）首先通过画示意图，可知题目所指的区域完全位于第四象限，于是先判断 $(1, -1)$，$\left(\frac{1}{2}, -1\right)$，$\left(\frac{3}{2}, -\frac{1}{2}\right)$ 是否位于第四象限，若不是横坐标为正、纵坐标为负的点，即可直接排除。$(1, -1)$，$\left(\frac{1}{2}, -1\right)$，$\left(\frac{3}{2}, -\frac{1}{2}\right)$ 均位于第四象限。接下来，观察可知题目所指区域位于 QR 所在直线的上方，于是区域内的点坐标满足 $y > \frac{3}{4}x - \frac{3}{2}$。将 $(1, -1)$，$\left(\frac{1}{2}, -1\right)$，$\left(\frac{3}{2}, -\frac{1}{2}\right)$ 分别代入，若使得 $y > \frac{3}{4}x - \frac{3}{2}$ 成立，即可说明该点在区域内。

$(1, -1)$：$-1 < \frac{3}{4} \times 1 - \frac{3}{2} = -\frac{3}{4}$，即 $y < \frac{3}{4}x - \frac{3}{2}$，不在区域内；

$\left(\frac{1}{2}, -1\right)$：$-1 > \frac{3}{4} \times \frac{1}{2} - \frac{3}{2} = -\frac{9}{8}$，即 $y > \frac{3}{4}x - \frac{3}{2}$，在区域内；

$\left(\frac{3}{2}, -\frac{1}{2}\right)$：$-\frac{1}{2} < \frac{3}{4} \times \frac{3}{2} - \frac{3}{2} = -\frac{3}{8}$，即 $y < \frac{3}{4}x - \frac{3}{2}$，不在区域内。

【注意】（1）此题不能通过"画点数格"的方式解决。考试时没有刻度尺，无法准确画出点的位置。

（2）结论：在直线 $y = kx + b$ 上方的点，坐标满足 $y > kx + b$；在直线 $y = kx + b$ 下方的点，坐标满足 $y < kx + b$。

3.4 二次函数

3.4.1 图像

二次函数 $y = f(x) = ax^2 + bx + c$ $(a \neq 0)$ 的图像是一个抛物线（parabola）。x^2 的系数 a 的正负决定了抛物线的开口方向：$a > 0$ 则抛物线开口向上；$a < 0$ 则抛物线开口向下。

二次函数图像是轴对称图形，对称轴（symmetry axis）的方程为 $x = -\frac{b}{2a}$。

抛物线与对称轴的交点称为顶点（vertex，复数 vertices），将 $x = -\frac{b}{2a}$ 代入二次函数即可得到顶点坐标 $\left(-\frac{b}{2a}, \frac{4ac - b^2}{4a}\right)$。

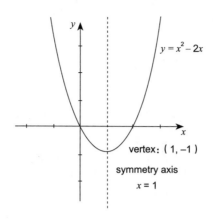

3.4.2 一元二次方程

当二次函数 $y = 0$ 时，得到方程 $ax^2 + bx + c = 0$，称为一元二次方程。一元二次方程的解也是对应的二次函数 $y = ax^2 + bx + c$ 与 x 轴交点的横坐标。一元二次方程的通用解法是，将 a, b, c 的值代入求根公式 $x = \dfrac{-b \pm \sqrt{b^2 - 4ac}}{2a}$。

其中 $b^2 - 4ac$ 称为一元二次方程的判别式，记作 Δ。Δ 与 0 的大小关系决定了一元二次方程解的个数，以及二次函数与 x 轴交点的个数：

$\Delta > 0 \Leftrightarrow$ 方程有两个解 $\Leftrightarrow$ 函数和 x 轴有两个交点。

$\Delta = 0 \Leftrightarrow$ 方程有一个解 $\Leftrightarrow$ 函数和 x 轴有一个交点。

$\Delta < 0 \Leftrightarrow$ 方程无解 $\Leftrightarrow$ 函数和 x 轴没有交点。

判别式	$b^2-4ac > 0$	$b^2-4ac = 0$	$b^2-4ac < 0$
$y = ax^2+bx+c$ 的图像			
解的个数	2	1	0

3.5 其他函数与图像

3.5.1 圆

圆心坐标为 (a,b)，半径为 r 的圆的方程为 $(x-a)^2 + (y-b)^2 = r^2$ $(r \neq 0)$。

GRE 数学考试中，遇到圆的方程的问题，会判断圆心坐标和半径长度即可。

例 22：在平面直角坐标系中，圆的方程 $(x-1)^2 + (y+1)^2 = 20$，求解以下问题。

（1）圆心坐标

（2）半径

（3）面积

答案：（1）$(1,-1)$ （2）$\sqrt{20}$ （3）$S = \pi r^2 = 20\pi$

解析：（1）圆心坐标可直接从方程中得出，为 $(1, -1)$。

（2）半径可直接从方程中得出，为 $\sqrt{20}$。

（3）面积可根据半径长求得，$S = \pi r^2 = 20\pi$。

3.5.2 绝对值函数

在 GRE 考试中遇到绝对值函数，需分类讨论绝对值符号内的取值与 0 的大小关系，将函数分段讨论。

例如，函数 $y = |x|$：$x \geq 0$ 时，$y = x$；$x < 0$ 时，$y = -x$。

再如，函数 $y = 2|x-1|$：$x-1 \geq 0$，即 $x \geq 1$ 时，$y = 2(x-1)$；$x-1 < 0$，即 $x < 1$ 时，$y = -2(x-1)$。

以上两函数的图像如下图所示：

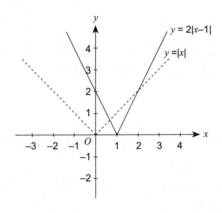

GRE 数学虽然不会难度"爆炸"，但是充满着陷阱，大概是 GRE 考试里最适合通过高强度的练习取得回报的科目。在微臣的课堂上形成的学习、练习、修正的正反馈闭环，是我在不安备考中收获内心平静的利器。

——赵迪 微臣线上 GRE ONE PASS Pro 课程学生 GRE 数学从 157 进步到 168

第三节 几何

知识结构图

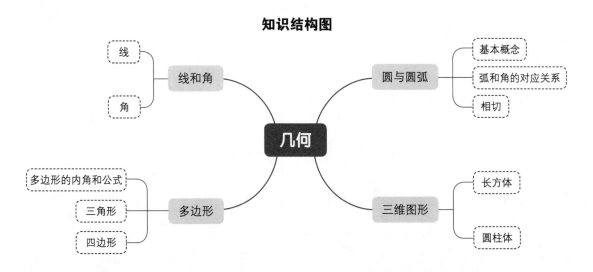

1. 线和角 >>

1.1 线

在同一平面内，两条直线（line）的关系有如下两种：相交 (intersect) 和平行 (parallel)。

1.1.1 相交

两条直线相交有且仅有一个交点 (intersection)，形成四个角 (angle)；每个角的顶点 (vertex) 是两条直线的交点。

【定理】两条直线相交所形成的对顶角相等。

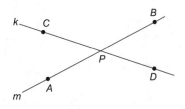

如图，k 和 m 相交，形成的两对对顶角分别相等：$\angle APC = \angle BPD$，$\angle BPC = \angle APD$。

若两条直线相交，形成的其中一个角为 90°，则称两条直线垂直 (perpendicular)。常用的表示两条直线垂直的方式，是在两条直线的交点处画一个方形的直角符号。

1.1.2 平行

在同一平面内，若两条直线没有交点，则称两条直线平行 (parallel)。两条直线 k 和 m 平行，记作 $k \mathbin{/\!/} m$。

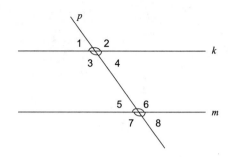

【定理】（1）两直线平行 ⇔ 同位角相等。

　　图中：$k \parallel m$ ⇔ $\angle 1 = \angle 5$；$\angle 2 = \angle 6$；$\angle 3 = \angle 7$；$\angle 4 = \angle 8$。

　　（2）两直线平行 ⇔ 内错角相等。

　　图中：$k \parallel m$ ⇔ $\angle 3 = \angle 6$；$\angle 4 = \angle 5$。

　　（3）两直线平行 ⇔ 同旁内角互补。

　　图中：$k \parallel m$ ⇔ $\angle 3 + \angle 5 = 180°$；$\angle 4 + \angle 6 = 180°$。

例 23：在下图中，两条水平线是平行的，求 x 和 y 的值。

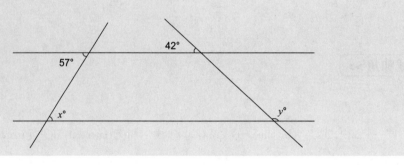

答案： $x = 57$，$y = 138$

解析： x 所在的角与 57° 所在的角互为内错角，因为两条直线互相平行，所以内错角相等，即 $x = 57$。y 所在的角与 42° 所在角的对顶角为同旁内角，互补，所以 $y + 42 = 180$，$y = 138$。

1.2 角

　　锐角 (acute angle)：大于 0°，小于 90° 的角。

　　直角 (right angle)：等于 90° 的角。

　　钝角 (obtuse angle)：大于 90°，小于 180° 的角。

2. 多边形 >>

2.1 多边形的内角和公式

　　在 GRE 数学考试中，所有多边形都是凸多边形 (convex polygon)，即多边形的每个内角 (interior angle) 都小于 180°。

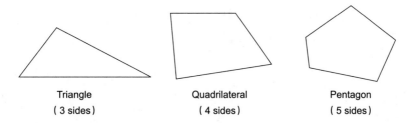

Triangle
（3 sides）

Quadrilateral
（4 sides）

Pentagon
（5 sides）

多边形内角和公式：N 边形内角和 = 180° × (N−2)

多边形外角和公式：N 边形外角和 = 360°

例 24： 求一个十边形的内角和。

答案： 180° × (10−2) = 180° × 8 = 1440°（考试时可直接用计算器）

2.2 三角形

关于三角形（triangle），考生需要掌握其基本性质，并能够利用全等和相似以及特殊三角形的结论求得线段长、周长、面积等信息。

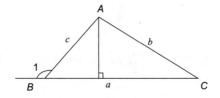

2.2.1 三角形基本性质

- 内角和：180°

- 周长：$a+b+c$

- 面积：$\frac{1}{2}ah$

（1）边的关系：同一三角形的任意两边之和大于第三边，任意两边之差小于第三边。如上图：$|a-b| < c < a+b$。

（2）角的关系：一个三角形的任意一个外角等于与其不相邻的两个内角之和。如上图：$\angle 1 = \angle BAC + \angle C$。

（3）边和角的关系：在一个三角形中，较大的角所对的边较大；较大的边所对的角较大。（大角对大边，大边对大角。）如上图：$\angle A > \angle B \Leftrightarrow a > b$。

例 25：

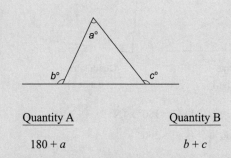

Quantity A	Quantity B
$180 + a$	$b + c$

(A) Quantity A is greater.

(B) Quantity B is greater.

(C) The two quantities are equal.

(D) The relationship cannot be determined from the information given.

答案： C

解析： 利用三角形外角等于不相邻的两个内角之和的性质，可知 $b = a + (180 - c)$，移项后可得 $b + c = 180 + a$，所以答案为 C 选项。

2.2.2 全等三角形

能够完全重合的两个三角形称作全等三角形 (congruent triangle)。如 $\triangle ABC$ 与 $\triangle DEF$ 全等，可表示为 $\triangle ABC \cong \triangle DEF$。

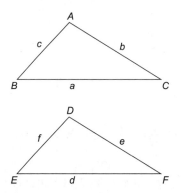

（1）注意：GRE 数学考试不考几何证明题，因此全等三角形的判定在考试中基本没有可发挥的空间，所以以下内容仅做了解即可。

（2）判定：两个三角形具备以下条件之一即可判定为全等三角形。S 表示边 (side)，A 表示角 (angle)，H 表示直角三角形斜边 (hypotenuse)，L 表示直角三角形直角边 (leg)。

- 三条边对应相等 (SSS)

- 两条边及其夹角对应相等 (SAS)

- 两个角及其夹边对应相等 (ASA)

- 两个角和其中一个角的对边对应相等 (AAS)

- 直角三角形中，斜边以及其中一条直角边对应相等 (HL)

2.2.3 相似三角形

相似三角形 (similar triangle) 表现为形状相同，大小不一定相同，其对应角相等，对应边成比例。若 $\triangle ABC$ 和 $\triangle DEF$ 相似，记作 $\triangle ABC \backsim \triangle DEF$。

视频讲解

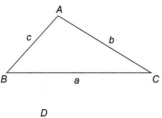

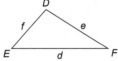

（1）性质

- 对应角相等。

- 对应边成比例，对应边的比为相似比 (scale factor)。

- 周长比为相似比，面积比为相似比的平方。

（2）判定：两个三角形具备以下条件之一即可判定为相似三角形。

- 三条边对应成比例 (SSS)

- 两条边对应成比例，且夹角相等 (SAS)

- 两个角对应相等 (AA)

例 26： 在下面的图中，$AB = BC = CD$。如果 $\triangle CDE$ 的面积是 30，那么 $\triangle ADG$ 的面积是多少？

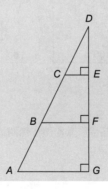

答案： 270

解析： 在 $\triangle CDE$ 和 $\triangle ADG$ 中，$\angle D$ 为公共角，$\angle CED$ 和 $\angle AGD = 90°$，有两个角相等，于是 $\triangle CDE \backsim \triangle ADG$。又因为 $AB = BC = CD$，所以相似比是 $\dfrac{CD}{AD} = \dfrac{1}{3}$，所以 $\dfrac{S_{\triangle CDE}}{S_{\triangle ADG}} = \left(\dfrac{1}{3}\right)^2 = \dfrac{1}{9}$。所以 $S_{\triangle ADG} = 9 \times 30 = 270$。

【注意】 任何两个等比例放大的、形状相同的图形都可以称为"相似图形"，例如两个圆、两个正方形，或者地图上的"比例尺"，它们都有"周长比 = 相似比"、"面积比 = 相似比的平方"的性质。

例 27: 某地图上画了一个椭圆游泳池平面图，已知地图上的 1 cm 相当于实际的 1.5 m，若地图上游泳池是 20 cm²，则实际游泳池的面积是多少 m²？

答案: 45 m²

解析: 地图和实际游泳池是相似的，相似比为 1 cm:1.5 m，面积比为 1 cm² : 2.25 m²，所以实际游泳池的面积是 $20 \times 2.25 = 45$ m²。

2.2.4 特殊三角形

特殊三角形包括等腰三角形 (isosceles triangles) 和等边三角形 (equilateral triangles)。

以下两个特殊三角形的边长关系需要熟记，在题目中会经常利用比例关系求某条线段的长度。

（1）等腰直角三角形：两条直角边相等的直角三角形。

直角边与斜边的比：$x:y=1:\sqrt{2}$。

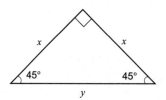

（2）一个角为 30° 的直角三角形。

两条直角边与斜边的比：$x:y:2x=1:\sqrt{3}:2$。

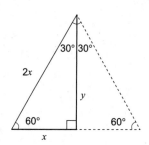

2.3 四边形

关于四边形 (quadrilateral)，考生主要需要掌握各种特殊四边形的性质，以便在题目中利用性质求出线段长度、周长、面积等。

2.3.1 平行四边形

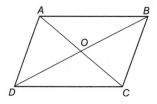

（1）边：两组对边平行且相等。

$AB \parallel CD$；$AB = CD$

$AD \parallel BC$；$AD = BC$

（2）角：对角相等，邻角互补。

$\angle A = \angle C$；$\angle B = \angle D$

$\angle A + \angle D = 180°$；$\angle B + \angle C = 180°$；$\angle A + \angle B = 180°$；$\angle C + \angle D = 180°$

（3）对角线：两条对角线互相平分。

$OA = OC$；$OB = OD$

2.3.2 菱形

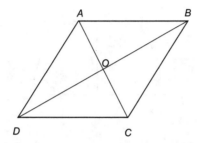

菱形是平行四边形的一种特殊情况，因此不仅具有平行四边形的所有性质，还有其特殊的性质。

（1）边：四条边相等。

$AB = BC = CD = AD$

（2）对角线：两条对角线相互垂直。

$AC \perp BD$

（3）面积：两条对角线长度乘积的一半。

$$S_{ABCD} = \frac{1}{2} AC \cdot BD$$

2.3.3 矩形（长方形）

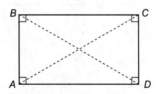

矩形也是平行四边形的一种，具有平行四边形的所有性质及其特殊的性质。

（1）角：四个角都是直角。

$\angle A = \angle B = \angle C = \angle D = 90°$

（2）对角线：两条对角线相等。

$AC = BD$

2.3.4 正方形

正方形既是菱形又是矩形，具有菱形和矩形的所有性质。

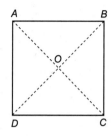

2.3.5 梯形

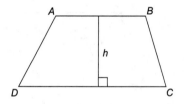

（1）边：有且仅有一组对边平行。

　　　$AB \parallel CD$，AD 不平行于 BC

（2）面积：

$$S_{ABCD} = \frac{1}{2}(AB + CD) \cdot h$$

例 28：在下面的图中，$ABCD$ 是长方形，$AB = 5$，$AF = 7$，$FD = 3$。

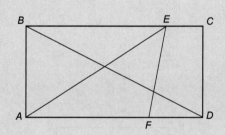

（1）求长方形 $ABCD$ 的面积。

（2）求 $\triangle AEF$ 的面积。

（3）求对角线 BD 的长度。

（4）求长方形 $ABCD$ 的周长。

答案：（1）50　　　（2）17.5　　　（3）$5\sqrt{5}$　　　（4）30

解析：（1）$S_{ABCD} = AB \cdot AD = 5 \times (7 + 3) = 50$

　　　　（2）$S_{\triangle AEF} = \frac{1}{2} \times 7 \times 5 = \frac{35}{2} = 17.5$

（3）在 △ ABD 中，$BD^2 = AB^2 + AD^2$，所以 $BD = \sqrt{AB^2 + AD^2} = \sqrt{5^2 + 10^2} = 5\sqrt{5}$。

（4）$2 \times (AB + AD) = 2 \times (5 + 10) = 30$

3. 圆与圆弧 >>

在 GRE 数学中，圆的知识仅涉及三个方面：

- 圆的基本概念
- 弧和角的对应关系
- 切线的相关性质

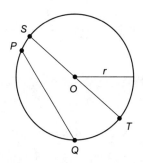

3.1 基本概念

弦 (chord)：圆上任意两个不重合的点连成的直线段。

弧 (arc)：圆上任意两个不重合的点之间的部分。

同一个圆上，两点之间必然有两段弧，为了避免歧义，有以下两种方式可以表示某一段弧：

（1）用三个点来表示一段弧：在图中，arc ABC，表示 AC 之间较小的一段弧；arc ADC，表示 AC 之间较大的一段弧。

（2）用优弧 / 劣弧来表示一段弧：优弧 (major arc) 是大于半圆的弧，劣弧 (minor arc) 是小于半圆的弧。于是用 major arc AC 表示 AC 之间较大的弧，即 arc ADC；minor arc AC 表示较小的弧，即 arc ABC。

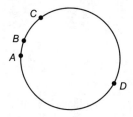

面积与周长公式：

面积：$S = \pi r^2$

周长：$C = 2\pi r = \pi d$

3.2 弧和角的对应关系

3.2.1 圆心角与圆周角

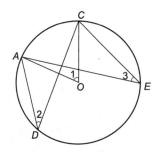

（1）圆心角：圆心和过弧的两端的半径构成的角。如图中的 ∠1 是圆心角，并称圆心角 ∠1 所对的弧是 minor arc AC。

（2）圆周角：圆上一点和弧的两个端点所连成的两个线段所构成的角。如图中，∠2 和 ∠3 为圆周角，它们所对的弧为 minor arc AC。

【定理】 同一段弧所对的圆周角等于它所对的圆心角的一半，在上图中 ∠3 = ∠2 = $\frac{1}{2}$∠1。可推论：半圆（或直径）所对圆周角为直角；90° 的圆周角所对的弦是直径。

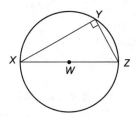

在上图中 XZ 是直径 ⇔ ∠XYZ = 90°。因为半圆（或直径）所对的圆心角是 180°，圆周角是圆心角的一半，所以圆周角是 180° × $\frac{1}{2}$ = 90°。

3.2.2 弧的度量方法

一段弧的大小取决于两个要素：

- 所对应的圆心角大小
- 所在圆的半径大小

换言之，若两段弧所对的圆心角相等，且所在圆的半径相等，则这两段弧是相等的。

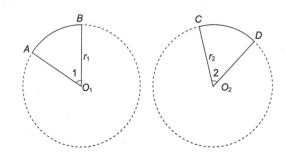

如上图所示，若已知 minor arc AB = minor arc CD，则它们的圆心角$∠1 = ∠2$，所在圆的半径$r_1 = r_2$；反之，若已知$∠1 = ∠2$及$r_1 = r_2$，则也可推出 minor arc AB = minor arc CD。

而在 GRE 数学题目中，一般是在同一个圆内讨论问题，因此大多数情况下半径相同。所以在求与弧相关的量的大小时，最主要的是先找出弧所对的圆心角的大小。

在题目中所说弧的角度 (measure of an arc)，也就指的是弧所对的圆心角的角度。

【定理】在半径相等的圆中，以下条件中有一个成立，则可推出另外三个也成立：

- 同一段弧 / 两段弧相等
- 所对应的圆心角相等
- 所对应的圆周角相等
- 所对应的弦长相等

【注意】若在半径不相等的两个圆中，以上结论不一定成立，如下面的例题。

例 29：在下面的图中，圆 A 半径为 3，圆 B 半径为 2。

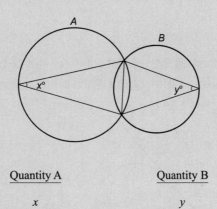

Quantity A	Quantity B
x	y

Ⓐ Quantity A is greater.

Ⓑ Quantity B is greater.

Ⓒ The two quantities are equal.

Ⓓ The relationship cannot be determined from the information given.

答案：B

解析：x 和 y 各是圆 A、圆 B 的圆周角，两个角对着同一个弦，我们连接两个圆心和弦的端点，显然半径小的圆心角更大，半径大的圆心角更小，则圆周角亦是如此。所以 $x < y$。

3.2.3 弧长与扇形面积

弧长 (length of an arc)：$l = \dfrac{n}{360°}\pi d = \dfrac{n\pi r}{180°}$

扇形 (sector) 面积：$S = \dfrac{n}{360°}\pi r^2 = \dfrac{1}{2}lr$

（其中 n 是弧所对的圆心角角度。）

例 30：在下图中，圆心是 O，半径是 3。

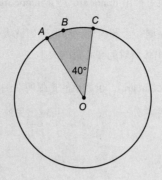

（1）求圆的周长。

（2）求 arc ABC 的弧长。

（3）求阴影部分面积。

答案：（1）6π　　　（2）$\dfrac{2}{3}\pi$　　　（3）π

3.3 切线

切线（tangent）：在同一平面内与圆只有一个公共点的直线，叫作这个圆的切线，这个公共点称为切点（point of tangency）。在图中，直线 l 是圆 O 的切线，点 P 为切点。

视频讲解

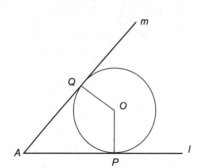

【定理 1】圆的切线垂直于过切点的半径。如上图中，若 l 是圆的切线，则 $l \perp OP$。

【定理 2】（切线长定理）：过圆外一点作同一圆的两条切线的切线长，它们的相等。如上图中，$AP = AQ$。

例 31：在下面的图中，四边形 $ABCD$ 外切于圆。$AB = a$，$CD = b$。问四边形 $ABCD$ 的周长是多少？

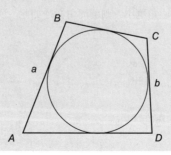

答案： $2(a+b)$

解析： 如下图所示。设 AB 上的切点为 E，BC 上的切点为 F，CD 上的切点为 G，DA 上的切点为 H。则由切线长定理，设 $AE = AH = w$，$BE = BF = x$，$CF = CG = y$，$DG = DH = z$。于是 $w + x = a$；$y + z = b$。$ABCD$ 的周长为 $2(w + x + y + z) = 2(a + b)$。

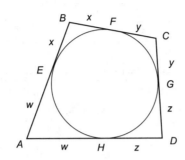

圆和圆相切：两个圆有且只有一个公共点，那么这两个圆相切，这个公共点就是两个圆的切点。则这两个圆的圆心一定过切点，两个圆心之间的距离是两个圆半径之和。（如图所示，A 和 B 为两个圆的圆心，圆 A 和圆 B 相切，则 $AB = r_1 + r_2$。）

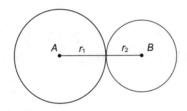

4. 三维图形 >>

在 GRE 数学考试中，关于三维图形仅考查长方体与正圆柱体的表面积与体积的计算，以及相关的空间想象问题。

4.1 长方体

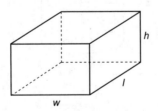

长方体 (rectangular solid/rectangular prism) 有 12 条棱 (edge)、8 个顶点 (vertex)、6 个面 (face)。

由一个顶点连接的 3 条棱分别称为长方体的长 (length)、宽 (width)、高 (height)。

正方体 (cube) 是长、宽、高相等的长方体。

体积与表面积公式：

- 长方体的体积是长、宽、高的乘积，即 $V = l \cdot w \cdot h$。

- 长方体的表面积是六个长方形的面积的和，即 $A = 2(wl + lh + wh)$。

例 32：在下面的长方体中，

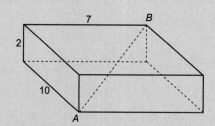

（1）求长方体的表面积

（2）求对角线 AB 的长度

答案：（1）208 （2）$3\sqrt{17}$

解析：（1）根据表面积公式，$A = 2 \times (2 \times 10 + 2 \times 7 + 7 \times 10) = 208$。

（2）对角线 AB 是一个体对角线，可以利用两次勾股定理，也可以用公式 $\sqrt{l^2 + w^2 + h^2}$ 计算，代入后得 $AB = \sqrt{153} = 3\sqrt{17}$。

4.2 圆柱体

圆柱体 (circular cylinder) 由两个彼此平行且全等的圆形底面 (base) 和侧面 (lateral surface) 组成。两个底面的圆心的连线称为圆柱体的轴 (axis)。两个底面之间的距离是圆柱体的高 (height)。在 GRE 考试中的圆柱体，均为轴垂直于底面的正圆柱体。

体积与表面积公式：

体积：$V = \pi r^2 h$

表面积：$S = 2S_{底面} + S_{侧面} = 2\pi r^2 + 2\pi rh$

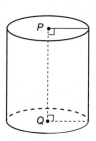

相信所有同学都有数学 170 分的能力，需要的只是拿下 170 分的方法和心态。比起无条理地刷题、背题，总结、分类、举一反三才是万能不变的真理。

——孟芳 微臣线上课程学生 GRE 数学从 159 进步到 170

第四节 数据分析

知识结构图

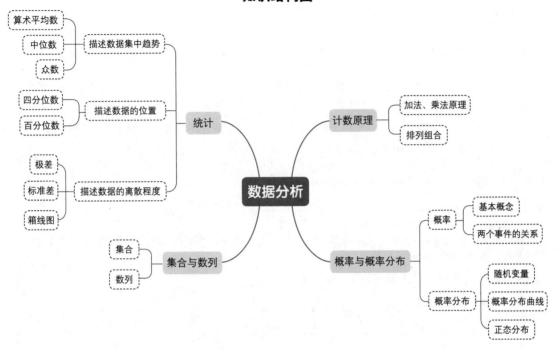

1. 描述数据的方式——统计 >>

1.1 描述数据的集中趋势

本小节中所讲的统计量，都是用来描述一组数据的集中趋势，可以代表一组数据的整体状态。有如下三个统计量：算术平均数、中位数、众数。

1.1.1 算术平均数

计算方法：平均数 $= \dfrac{\text{所有数据的总和}}{\text{数据总个数}}$

【注意】（1）GRE 数学考试中，算术平均数也可以用 mean 和 average 表示。

（2）在本书下文及真实 GRE 考试中所称的"平均数（mean/average）"，如没有特殊说明则均为算术平均数。

1.1.2 中位数

中位数是（median）一组数据从小到大排序后，排在最中间的数据。中位数的具体求法如下：

（1）将一组数据从小到大排列。

（2）如果该组数据的个数为偶数，则中位数为最中间两个数的平均数。如果该组数据的个数为奇数，则中位数为最中间的一个数。

【注意】如果数据量足够大，将数据从小到大排列之后，应该正好有 50% 的数据位于最小值到中位数之间。这一点将在之后关于概率分布的学习中讲解。

1.1.3 众数

众数（mode）是一组数据中出现次数最多的数。

【注意】一组数据的众数不一定只有一个。例如 (1, 1, 2, 2, 3) 这五个数中，众数有 1 和 2 两个。

例33：某学校中有 10 个教学班级，每个班的学生人数如下：32，34，36，36，36，42，44，44，44，48。

（1）求以上数据的平均数、中位数和众数。

（2）现有一批学生需要加入班级，每个班的学生人数在原来的基础上增加了 2 人，求班级中学生人数的平均数、中位数和众数。

答案：（1）39.6；39；36 和 34　（2）41.6；41；38 和 46

解析：（1）平均数：$mean = \dfrac{32+34+36+36+36+42+44+44+44+48}{10} = 39.6$。

中位数：该组数据共有 10 个数据（偶数个），因此 $median =$ 从小到大排列，第 5 和第 6 个数的平均数，即 (36+42)/2 = 39。

众数：$mode =$ 出现次数最多的数，即 36 和 44，都出现了 3 次。

（2）该组数据变为：34, 36, 38, 38, 38, 44, 46, 46, 46, 50。

平均数：$mean = \dfrac{34+36+38+38+38+44+46+46+46+50}{10} = 41.6$。

中位数：为第 5 和第 6 个数的平均数，因此 $median = (38+44)/2 = 41$。

众数：$mode = 38$ 和 46，都出现了 3 次。

【总结】可以发现，当整组数据全部加上或减去同一个数 k，反映数据中间趋势的量（平均数、中位数、众数）也会相应加减 k。

【思考】假如有 A 和 B 两个公司，A 公司的员工平均工资是 10,000 元，B 公司的员工平均工资是 5,000 元，仅根据以上信息是否能确认 A 公司的工资水平比 B 公司高呢？

来看下面这个例子：

A 公司共 5 个员工，工资分别是（单位：元）：1,000、1,000、1,000、1000、46,000，

平均值：10,000。

B 公司共 5 个员工，工资分别是（单位：元）：4,998、4,999、5,000、5,001、5,002，

平均值：5,000。

通过观察具体数据，可以看出 A 公司的"贫富差距"比较大，而 B 公司的工资基本在 5,000 元左右，并不能仅通过平均值来判断一组数据的整体水平。

我们不知道具体工资数据，但知道中位数的信息，A 的中位数是 1,000 元，B 的中位数是 5,000 元，此时再和平均值一起看，就会发现 A 公司的工资水平不一定比 B 高。

平均值比较容易受极端值的影响，在实际生活中若要考虑一组数据的整体水平，往往要配合中位数一起考虑。

1.2 描述数据的位置

考查数据时，往往会关心某些特殊位置上的数据情况，或者某一数据在一组数据中的位置，此时会使用四分位数 (quartile) 和百分位数 (percentile) 来描述数据的位置。

1.2.1 四分位数

概念：将数据从小到大排列，并分成数量相等的四份，每两份分界线上的数为四分位数，因此四分位数共 3 个。3 个四分位数从左到右依次为第一四分位数（First Quartile, $Q1$），第二四分位数（Second Quartile, $Q2$）和第三四分位数（Third Quartile, $Q3$）。

求法：考虑把一条纸带均匀分成四段，将这条纸带对折再对折，三条折痕将纸带分成了四等份。

同样，把一组数据的所有数值由小到大排列，若要将其分为四等份，同样可以对折再对折，处于三条折痕的位置的数值就是四分位数 $Q1$，$Q2$，$Q3$。而一组数据的"对折"也就是求中位数。

> **例 34**：在一次歌唱比赛中，十二名评委为每一位选手的表演进行打分，满分为 10 分。有一位选手的得分情况如下：5，5，6，6，6，6，7，7，8，8，8，9。试求出这组分数的 3 个四分位数。

答案：6，6.5，8

解析：首先进行第一次对折，即求该组数据的中位数，求得第二四分位数 $Q2 = (6+7)/2 = 6.5$；将中位数前的数据进行"对折"，第一四分位数 $Q1$ 为前一半数据 (前 6 个数) 的中位数：$Q1 = (6+6)/2 = 6$；将中位数后的数据进行"对折"，第三四分位数 $Q3$ 为后一半数据 (后 6 个数) 的中位数：$Q3 = (8+8)/2 = 8$。

【**总结**】（1）求四分位数，本质上就是求三次中位数的过程。

（2）第二四分位数 $Q2$ 等于整组数据的中位数。

（3）由于数据是从小到大排列，所以必有 $Q1 \le Q2 \le Q3$。

【**注意**】（1）GRE 考试极少考查奇数个数据求四分位数的情况，若要求奇数个数据的四分位数，则在第一次找到中位数（$Q2$）之后，把中位数去掉，再求前一半和后一半的中位数作为 $Q1$ 和 $Q3$ 即可；

（2）四分位数的算法很多，以上介绍的方法是 GRE 考试官方认可的算法。考试时，涉及四分位数的题目一般都会和箱线图、百分位数等概念一起考查，极少考给一组数据直接求四分位数的题目。上面的算法介绍仅为了让大家理解，四分位数就是把一组数据平均分成四份，每份里数据量相同。

考查数据的位置，光看四分位数是不够的，还要关注更多位置上数据的具体情况，或者究竟有多少数据比某一数值大或者小，于是就引入了百分位数（percentile）的概念。

1.2.2 百分位数

在一组数据中，若 x 比该组数据中 $n\%$ 的数据更大，则称数据 x 位于第 n 个百分位数 (nth percentile, Pn)。

例如，GRE 数学考试获得 170 分满分，GRE 分数报告中所显示对应的百分位数为第 96 个百分位数 (96th percentile, P96)。这意味着，数学 170 分比 96% 的考生的得分要高。

这同样也说明，在数学部分所有考生的得分中，得分低于 170 分发生的概率是 96%。（用概率的语言描述，设学生的数学分数为 X：$P(X<170)=96\%$，这个写法我们会在之后针对概率分布的学习中讲解。）

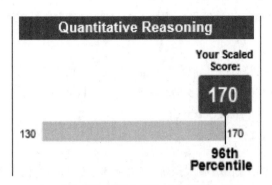

GRE 分数报告中给出分数对应的百分位数

【思考】某组数据的第一四分位数 $Q1$ 相当于第几个百分位数？

四分位数相当于把数据平均分成 4 份，那么就有 1/4（25%）的数据是小于 $Q1$ 的，根据百分位数的定义，则 $Q1 = $ P25。

同样我们可以得到 $Q2 = $ P50，$Q3 = $ P75。

【注意】在有大量数据的连续性概率分布中，百分位数的应用会更加普遍，详情可见本节的 4.2 小节。

1.3 描述数据的离散程度

对一组数据还会考查的是它的离散程度，也就是数据与数据之间的分散程度。本节会介绍描述离散程度的统计量——极差和标准差，还会讲解可以直观体现数据离散程度的箱线图。

1.3.1 极差

极差可以反映一组数据中最大的数和最小的数的差距。极差的计算方法为：极差 = 最大值 − 最小值。

例如，有下列两组数据：
List A：1, 2, 2, 3, 4, 5, 6, 7, 8, 9
List B：1, 1, 1, 1, 1, 2, 2, 2, 3, 9

这两组数的最大值都是 9，最小值都是 1，则极差都是 9 − 1 = 8。

但可以发现，List A 的数据较为均匀地分散在 1 至 9 之间，而 List B 的大部分数值都集中在 3 以下，只有 9 这个数字相比于其他数据大很多。像这种偏离了本组数据的主要趋势的数据被称作离群值（outlier）。

数据的极差极易受到个别离群值的影响，不能充分反映一组数据的离散程度情况。若要考查一组数据中的每个数据对于离散程度的影响，可以用标准差来衡量。

1.3.2 **标准差**

视频讲解

定性理解：标准差用来衡量数据的离散程度。数据越分散，标准差越大；数据越密集，标准差越小。

例如，两位同学参与打靶游戏，左图为 A 同学的打靶结果，右图为 B 同学的打靶结果。

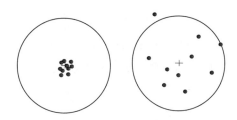

可以发现 A 同学的打靶成绩都很靠近 10 环，非常密集；而 B 同学的打靶成绩很分散，有靠近 10 环的，也有远离 10 环的，甚至还有飞到靶子外面的。因此 A 同学成绩的标准差较小，B 同学成绩的标准差较大。

如果两组成绩看上去都很密集，或都很分散，这时就要借助标准差的公式来定量地分析。

定量理解：求一组数据的标准差的计算步骤如下。

（1）计算这组数据的平均值。

（2）求每个数据和平均值的差值。

（3）将得到的差值都平方。

（4）求所有差值的平方的平均值。

（5）求上一步的平均值的算术平方根。

则标准差的公式为

$$S = \sqrt{\frac{(x_1 - \overline{x})^2 + \ldots + (x_n - \overline{x})^2}{n}}$$

其中，S 为标准差，x_1，$\cdots$，x_n 为各数据值，$\overline{x}$ 为平均值，n 为数据个数。

例如，对数据 {1，2，3，4，5} 求标准差，先求平均数：$\overline{x} = (1+2+3+4+5)/5 = 3$，再代入公式：

$$S = \sqrt{\frac{(1-3)^2 + (2-3)^2 + (3-3)^2 + (4-3)^2 + (5-3)^2}{5}} = \sqrt{2}$$

【写给学过统计的考生】在 GRE 数学考试中的标准差指的是"总体标准差 (population standard deviation)"，也就是公式中的分母是数据的个数 n。在统计学中常用的"样本标准差 (sample standard deviation)"的分母是 $n-1$，但这不在 GRE 数学的考查范围内。

从标准差的公式中可以看出，所谓标准差反映的离散程度大小，其实说的是一组数和它们的平均值之间的相对距离。在做标准差大小比较的题目时，要注意以平均值为基准进行比较。

通过定量理解，我们还可以得到如下推论：

（1）如果一组数据的每个数都加上（或减去）相同的数，则得到的新数据的标准差不变。

例如，List A: 1，2，3，4，5，把每个数都加 2 从而变成 List B: 3，4，5，6，7，则两个数列的标准差相等，即 $sd(B) = sd(A+2) = sd(A)$。

从定性的角度，每个数都加或减相同的数据，只是相当于把所有数据平移了位置，相当于几个小伙伴手挽着手一起向前或者向后走了一样的步数，但没有改变每个数之间的距离，则离散程度不变，标准差不变。

（2）如果一组数据的每个数都乘以相同的数 k，则得到的新数据的标准差是原来的标准差的 $|k|$ 倍。

如，List A: 1，2，3，4，5，把每个数都乘 −2 从而变成 List B: −2，−4，−6，−8，−10，则 List B 的标准差是 A 的 2 倍，即 $sd(B) = sd(-2A) = |-2| sd(A) = 2sd(A)$。

【注意】 若这组数据的每个数都一样大，那么不论同时乘的 k 等于几，标准差都不会变，因为前后两组数标准差都是 0。

例 35：List A: 0, 5, 10, 15, 20

List B: 25, 30, 35, 40, 45

Quantity A	Quantity B

The standard deviation of List A | The standard deviation of List B

Ⓐ Quantity A is greater.

Ⓑ Quantity B is greater.

Ⓒ The two quantities are equal.

Ⓓ The relationship cannot be determined from the information given.

答案：C

解析：通过观察可知，List A 中每个数都加上 25 之后，变为 List B。于是利用定量推论（1），两组数据的标准差相同。

例 36：List A: 10, 11, 15, 19, 20

List B: 10, 14, 15, 16, 20

Quantity A	Quantity B

The standard deviation of List A | The standard deviation of List B

Ⓐ Quantity A is greater.

Ⓑ Quantity B is greater.

Ⓒ The two quantities are equal.

Ⓓ The relationship cannot be determined from the information given.

答案：A

解析：通过观察可知，List A 和 List B 的平均值都是 15。两个数列中 10、15、20 这三个数是一样的，只需要比较剩下的数字和平均值的远近，易发现 List B 中 14 和 16 距离平均值 15 更近，List A 中 11 和 19 距离 15 更远。所以 List A 标准差更大。

例 37：The standard deviation of n numbers x_1, x_2, x_3, ..., x_n with mean $\bar{x}$ is equal to $\sqrt{\dfrac{S}{n}}$, where S is the sum of the squared differences $(x_i - \bar{x})^2$ for $1 \leq i \leq n$. If the standard deviation of the 4 numbers $5-a$, 5, 25, and $25 + a$ is 50, where $a > 0$, what is the value of a?

答案： 60

解析： 通过观察发现 $5-a$，5，25，$25 + a$ 这四个数是"对称"的，平均值是 15，则根据标准差公式：

$$\sqrt{\frac{(-10-a)^2 + (10)^2 + (10)^2 + (a+10)^2}{4}} = 50$$

$$\sqrt{\frac{200 + 2(a+10)^2}{4}} = 50$$

$$200 + 2(a+10)^2 = 10000$$

$$(a+10)^2 = 4900$$

$$a+10 = 70 \text{ 或} -70 \text{（舍去）}$$

$$a = 60$$

【总结】GRE 考试中考查标准差的题目：

（1）若题目中没有提到标准差如何计算，则我们无需套用公式计算标准差大小，只需通过标准差的基本性质和定量理解的两个推论即可快速做题。

（2）若题目刻意强调了标准差的算法，则说明需要我们计算标准差的具体大小。

1.3.3 箱线图（Boxplot）

视频讲解

在了解以上描述数据特征的统计量后，我们需要一种可以直观看出数据的离散程度的图表。我们可以将一组数据中最值（最大值、最小值）、中心位置（中位数）、四分位数依次画在数轴上，来表现数据中的从小到大四组数量相等的数据的位置，如此绘制成如下图所示的箱线图（boxplot）。

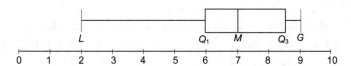

上述箱线图中，从左至右的刻线的含义依次如下：

刻线标记	表达该组数据的统计含义	从图中读出该统计量的值
L	最小值	2
Q_1	第一四分位数	6
M	中位数，即第二四分位数	7
Q_3	第三四分位数	8.5
G	最大值	9

了解以上含义后，我们知道箱线图的"箱"（box）的部分，也就是 Q_1 到 Q_3 的部分，描述的是一组数据中从小到大排列，位于中间的 50% 的数据的位置。

我们将"箱"的长度，也就是 $Q3$ 与 $Q1$ 的差值，称为四分位差（interquartile range）。

两边甩出的"线"（英文也称 whisker，即"胡须"）的部分，也就是最小值到 $Q1$，以及 $Q3$ 到最大值的部分，描述的是数据中最小的 25% 和最大的 25% 的数据的位置。

> **例 38：** 观察上面的箱线图，思考：
>
> （1）箱线图中数据的极差和四分位差分别是多少？
>
> （2）如果图中的数据的数量是 1000 个，那么大于等于 6 且小于 8.5 的数据有几个？

答案：（1）7，2.5　　　　（2）500

解析：（1）极差 = 最大值 – 最小值 = 9 – 2 = 7；四分位差 = $Q3 – Q1$ = 8.5 – 6 = 2.5。

　　　　（2）通过看图可知 $Q1 = 6$，$Q3 = 8.5$，那么大于等于 6 且小于 8.5 的数据，正好是处于 $Q1$ 到 $Q3$ 的数据，则该部分的数据量占整体的 50%，则有 1000 × 50% = 500 个。

2. 记录数据的方式——集合与数列 >>

本小节主要介绍两种描述、记录数据的方法：集合与数列。

2.1 集合

集合 (set) 是指某些可以确定的元素 (element) 组成的集体。

元素可以是一些数值，例如 0，1，2，3，4，5，…这些元素可以组成一个集合，表示为 {0, 1, 2, 3, 4, 5…}；

元素也可以是几何图形，例如所有的平行四边形。

元素同样可以是真实的事物，例如，某培训学校的所有教师，可以组成一个叫"××教师"的集合。

2.1.1 集合的性质

（1）集合里的元素互不重复，如 {1, 1, 2, 3} = {1, 2, 3}。

（2）集合的元素没有顺序，如 {1, 2, 3} 和 {1, 3, 2} 指代同一集合。

2.1.2 集合的几个重要概念

子集 (subset)：若 A 集合中的任意一个元素都是 B 集合的元素，那么称 A 集合是 B 集合的子集。例如，$A = \{1, 2, 3\}$，$B = \{1, 2, 3, 4\}$，A 是 B 的子集；再如，$C = \{1, 2, 3, 4\}$，$D = \{1, 2, 3, 4\}$，C 是 D 的子集；又如，任何一个质数都是整数，则"质数"是"整数"的子集。

空集 (empty set)：不含任何元素的集合称为空集，用"∅"表示。例如，集合"小于 2 的质数"中不包含任何元素，则"小于 2 的质数"是空集。

【**注意**】空集是任意集合的子集。

并集 (union)：所有属于 A 集合和 B 集合的元素组成的集合，称为 A 和 B 的并集，用"$A \cup B$"表示。例如，$A = \{0, 1, 2, 3, 4, 5, 6\}$ 与 $B = \{0, 2, 4, 6, 8, 10\}$ 的元素有 0，1，2，3，4，5，6，8，10，那么 A 和 B 的并集，即 $A \cup B = \{0, 1, 2, 3, 4, 5, 6, 8, 10\}$。

交集 (intersection)：既属于 A 集合又属于 B 集合的元素组成的集合，称为 A 和 B 的交集，用"$A \cap B$"表示。例如，$A = \{0, 1, 2, 3, 4, 5, 6\}$ 与 $B = \{0, 2, 4, 6, 8, 10\}$ 中都有元素 0，2，4，6，则这两个集合的交集就是 {0, 2, 4, 6}，即 $A \cap B = \{0, 2, 4, 6\}$。

互斥 (disjoint, or mutually exclusive)：两个集合的交集为空集，则称两个集合互斥。例如，$A = \{0, 1, 2\}$，$B = \{6, 8, 10\}$，$A \cap B = \varnothing$，则 A 和 B 互斥。

全集 (universal set)：包含当前所研究问题的所有元素的集合称为全集，常用字母 U 表示。例如，我们在探讨奇数、偶数时，全集往往是所有整数；再如，在实际问题中，学校大一学生中有 50% 选了 C 语言编程课，90% 选了大学生心理健康课，此问题的全集就是该学校所有大一学生。

2.1.3 交并集的关系和韦恩图

集合的并集与交集的关系可表示为如下等式，也称为"容斥原理"(inclusion-exclusion principle)：

$$|A \cup B| = |A| + |B| - |A \cap B|$$

其中竖线 || 表示集合元素个数，如 |A| 表示集合 A 的元素个数。

等式的含义是：A 与 B 并集元素的个数，就等于 A 集合元素个数与 B 集合元素个数的和，再减去 A 与 B 交集元素的个数。

以上关系可以借助韦恩图 (Venn) 来帮助理解。

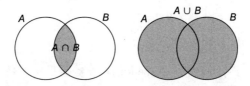

每一个圆形都代表了一个集合，它们相交的半月形就是两个集合的交集。A 与 B 的并集涵盖 A 的部分和 B 的部分，于是用 $|A| + |B|$。但此时中间的半月形被计算了两次，因此需要减掉一次，故减去 $|A \cap B|$。

【提示】会画韦恩图是处理集合问题的核心步骤，在画图后将各区域与题目中的数量找到对应即可。

例 39：某班级中有 60 名同学，有 50 名同学选修了化学，有 35 名同学选修了物理，已知有 5 名同学没有选课，求有多少同学同时选修了化学和物理？

答案：30
解析：

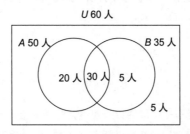

矩形部分表示全集，也就是整个班级的同学，共 60 人，A 表示选修化学的同学，共 50 人；B 表示选修物理的同学，共 35 人；A 与 B 并集以外表示没有选课的同学，即 5 人。

通过 60−5 = 55，可知一共有 55 人参与选课，即 $|A \cup B| = 55$。

$|A| = 50, |B| = 35$，根据交并集的关系可知 $|A \cap B| = |A| + |B| - |A \cup B| = 50 + 35 - 55 = 30$。

2.2 数列

数列 (sequence) 是一列有序的数，一般用 a_n 来表示，a_1 为数列的第 1 项，a_2 为第 2 项，以此类推。

在数列相关问题中，需要我们记忆以下两种特殊数列的性质，以便加快做题速度。

2.2.1 等差数列

等差数列的定义是：从数列的第 2 项起，每一项与它的前一项的差均为定值。

后一项减前一项的差称为公差，用字母 d 表示。用 a_n 表示数列第 n 项的值，则等差数列应满足 $a_n = a_{n-1} + d\,(n > 1)$。

等差数列的第 n 项求法：已知首项 a_1 和公差 d，则数列第 n 项 $a_n = a_1 + (n-1)d$。

例如，正偶数数列 $\{2, 4, 6, 8, \cdots\}$ 的第 16 项可用上述公式进行求解：$a_{16} = 2 + (16-1) \times 2 = 32$。

等差数列的前 n 项和求法：$S_n = \dfrac{(a_1 + a_n) \times n}{2}$。即用首项（$a_1$）加末项（$a_n$）的和，乘以项数 n，除以 2。

【注意】（1）在 GRE 数学中常考的等差数列是连续整数 (consecutive integers)，连续的奇数、连续的偶数、连续的 n 的倍数同样是等差数列。

（2）有限项的等差数列，平均值等于中位数。

例 40：已知整数数列 $0, 1, 2, 3, \cdots$，求该数列前 100 项的和是多少？

    Ⓐ 4851   Ⓑ 4900   Ⓒ 4950   Ⓓ 5000   Ⓔ 5050

答案：C

解析：利用等差数列的第 n 项公式可知，第 100 项为 $a_{100} = 0 + (100-1) \times 1 = 99$。根据等差数列求和公式可知 $\dfrac{(0 + 99) \times 100}{2} = 4950$。

2.2.2 等比数列

等比数列的定义是：从数列的第 2 项起，每一项除以前一项的商为定值。

后一项除以前一项的商称为公比，用字母 q 表示；用 a_n 表示数列第 n 项的值，则等比数列应满足 $a_n = a_{n-1} \times q\,(n > 1, q \neq 0)$。

等比数列的第 n 项 $a_n = a_1 q^{n-1}$。

例如，公比为 3 的等比数列 $\{1, 3, 9, 27, 81, \cdots\}$，第 7 项为：$a_7 = 1 \times 3^{7-1} = 729$。

【注意】在 GRE 数学考试中，还有一些特殊的数列题目，题目中给出数列各项之间的关系，要求考生求某一项的值或若干项的和。此时通常可以写出前几项，然后通过寻找该数列的规律来解决问题。

例 41：$\{3, -2, 1, 3, -2, 1, 3, -2, 1, \cdots\}$

In the sequence above, the first three terms repeat indefinitely. What is the sum of the terms of the sequence from the 101st term through the 105th term, inclusive?

答案： 1

解析： 由题目可知，这个数列是由 3、−2、1 三个数字循环组成的数列，若探究之后的某一项是这三个数字中的哪个，则需要用项数除以 3，看余数所指为哪一项。如看第 5 项是几，则用 5÷3=1……2，则说明是三个数中的第 2 项，是 −2，那么第 5 项也是 −2。所以，第 101 项：101÷3=33……2，故第 101 项和第 2 项一样，均为 −2。按上述规律写出 101~105 项后可知，上述五项分别为 −2，1，3，−2，1，求和得 1。

3. 统计数据个数的方法——计数原理 >>

本小节会讲解让考生们十分畏惧的排列组合概念。在此之前，我们先要明确：加法原理、乘法原理、排列数、组合数，其本质都是在统计个数，都是在"枚举"的基础上进行的合并、简便计算。学习排列组合，其实就是在让大家脱离原始的"枚举"，走向快速解题的道路。

3.1 加法、乘法原理

在统计做一件事情有多少种方法的时候，要用到加法、乘法原理。我们先通过一个具体的例子来感受什么时候做加法，什么时候做乘法。

视频讲解

> **例 42：** A 同学要去纽约上学，如果他选择搭乘飞机则需要在洛杉矶转机，从北京到洛杉矶的航班有 X、Y、Z，共 3 班，从洛杉矶到纽约的航班有 P、Q，共 2 班。若时间上所有组合均可实现，则该同学去纽约有多少种不同的航班组合选择？

答案： 6 种

解析： 坐飞机从北京去纽约分为两步：（1）从北京到洛杉矶；（2）从洛杉矶到纽约。在第（1）步有 3 种选择，此时不论做哪种选择，再下一步时都有 2 种选择，因此共有 3×2＝6 种航班组合选择。如下图所示。

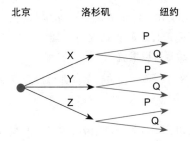

3.1.1 乘法原理

做一件事情分成若干个步骤，则完成这件事的方法个数就是把每个步骤的方法个数相乘。所谓"步骤"，就是从起点到终点只能依次完成这些过程，不能跳步，也不能调换顺序，这种情况下做乘法。

【思考】 若例 1 中 A 同学除了搭乘飞机的 6 种方法，还可以选择坐船去纽约，顺便观赏沿途风光，已知直达纽约的船有 C 和 D 共 2 班，现在该同学共有多少种方法到纽约？

解析： 去纽约有两类情况：（1）坐飞机有 6 种方法；（2）坐船有 2 种方法。不论选择哪类情况都可以到达目的地纽约，于是只要将两类情况方法个数做加法，共有 6＋2＝8 种方法。如下图所示。

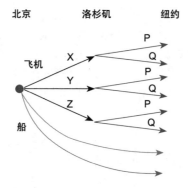

3.1.2 加法原理

做一件事情有若干种**类别**，则完成这件事的方法个数就是把每种类别的方法数分别相加。所谓"类别"，就是在不同的类别中可以做选择，不管选择哪种都可以完成整件事情，这些可以选择的方法之间做加法。

3.1.3 区分加法原理和乘法原理的方法

在计数时，应该做" + "还是做" × "，关键要区分当前所写数字代表的是"某一类别"还是"某一步骤"；通俗地说，当写出一项时，若要做的事情已经做完了，则说明当前所得数字代表"某一类别"，应和其他类别做" + "；若事情还没有做完，则说明当前所得数字代表"某一步骤"，应和下一步骤做" × "。

> 例 43： A university gives each student a student number, which consists of either three digits (between 0 and 9, inclusive) followed by two letters or three letters followed by two digits. For example, 055-XY, 123-PP, and AAA-70 are all acceptable student number. How many different numbers can the university issue?

答案： 2,433,600 种

解析： 学号一共有两类情况：(1) 3 个数字 + 2 个字母；(2) 3 个字母 + 2 个数字。第 (1) 类情况下，要先挑选 3 个数字，再挑选 2 个字母，则分为 5 个步骤；每个数字有 10 种选择，每个字母有 26 种选择，则第一种情况共有 $10 \times 10 \times 10 \times 26 \times 26 = 676,000$ 种选择；第 (2) 类情况下，同理有 $26 \times 26 \times 26 \times 10 \times 10 = 1,757,600$ 种选择。两类情况下可能的结果应采用加法原理，则共有 $676,000 + 1,757,600 = 2,433,600$ 种学生编号可以发放。

【总结】 学习加法原理和乘法原理的目的是学会将计数问题分成互不重叠的类别，或者分为不同的步骤，从而将复杂的问题拆解，转化成加法和乘法来解决，这也是处理所有计数问题的根本所在。

理论上讲，到此为止我们已经讲完了计数原理的解题策略，只要知道什么时候用 +、−、×、÷，其实就可以解决一切"排列组合"问题。后面会讲到的排列组合，都是在 +、−、×、÷ 的基础上衍生出来的。

3.2 排列组合

在用乘法原理计算分步骤问题的方法个数时，人们发现某些问题中的乘法运算模式极其相似，于是将这一类问题统一用排列数（permutation）和组合数（combination）公式解决。

视频讲解

3.2.1 排列数

从 n 个元素中，不放回地挑选 m 个元素，并将这 m 个元素进行排列，所有不同排列的个数称作排列数，符号为 A_n^m。

$$A_n^m = n \times (n-1) \times (n-2) \times \cdots \times (n-m+1)$$

【提示】上述公式可以简记为：从 n 开始向下累乘，一共有 m 项参与相乘。

【拓展】（1）全排列：若将 n 个元素全部取出，并将这 n 个元素进行排序，此时称作 n 个元素的全排列，

上述公式中的 $m = n$，即 $A_n^n = n \times (n-1) \times (n-2) \times \cdots \times 3 \times 2 \times 1$。

（2）我们将正整数 n 到 1 的累乘，即 $n \times (n-1) \times (n-2) \times \cdots \times 3 \times 2 \times 1$ 叫作 n 的阶乘，用 $n!$ 表示，则

$A_n^n = n!$。

（3）有些书中会将排列数用 P_n^m 表示，其用法与 A_n^m 完全相同。

3.2.2 组合数

从 n 个元素中，不放回地挑选 m 个元素，并将这 m 个元素组成一组，所有不同组合的个数称作组合数，符号为 C_n^m。

$$C_n^m = \frac{A_n^m}{A_m^m} = \frac{n \times (n-1) \times (n-2) \times \cdots \times (n-m+1)}{m!}$$

【提示】我们可以认为排列数 A_n^m 的计算分为两个步骤：（1）从 n 个元素中挑选出 m 个元素，即 C_n^m；

（2）将这 m 个元素做不同的排序，即 $A_m^m = m!$。将（1）（2）两个步骤的方法个数相乘即为 A_n^m，

则有 $C_n^m \cdot A_m^m = A_n^m$，得出 $C_n^m = \dfrac{A_n^m}{A_m^m}$。

3.2.3 区分排列数和组合数的方法

统计一种情况究竟是用排列数（A）还是组合数（C），在初、高中的教材上会说看这个问题是否考虑"顺序"，但"顺序（order）"这个字眼并不一定会在题目中出现。

排列数和组合数本质上的区别，是看将元素选出后是否做相同的事情：若做的是同一件事，那么顺序不重要，就用组合数（C）；若做的是不同的事，说明顺序重要，就用排列数（A）。

例44：在一次奖学金评比中，有 10 名候选人。评审老师需要从中选出 3 名同学分别颁发一、二、三等奖学金，每个等级的奖学金均只发给 1 名同学，每名同学均只能获得一次奖学金。

（1）评审老师有多少种不同的评奖方法？

（2）有多少不同的三人组合可以获得奖学金？

答案：（1）720　　（2）120

解析：（1）需要在 10 名同学中选 3 人并且进行排序，即排出一、二、三名依此颁发一、二、三等奖学金，所以要用到排列：$A_{10}^3 = 10 \times 9 \times 8 = 720$。

（2）需要在 10 名同学中选 3 人的组成一组，这 3 个人的名次并不重要，因为他们均是获奖组合中的成员，不需要排序，所以用组合数：$C_{10}^3 = \dfrac{A_{10}^3}{3!} = 120$。

上述例题展示了排列与组合的应用：

（1）中需要考虑 3 个人的奖学金等级，即选出的 3 个人要做 3 件不同的事情（显然一、二、三等奖学金各不相同），所以需要进行排列。

（2）仅考虑获奖的组合，即选出的 3 个人要做的是同一件事（即加入获奖组合），所以需要进行组合。

例 45： 假设有标号 1~5 号的 5 个球，质地、大小均一致，放入一个盲盒中。

（1）假如摸出 1 个球后，记下编号，然后放回盒中，再摸出 1 个球记下编号，问一共有多少种编号组合的可能？

（2）假如摸出 1 个球后，记下编号，不放回（without replacement），再摸出 1 个球记下编号，问一共有多少种编号组合的可能？

（3）假如同时摸出 2 个球，问一共有多少种组合的可能？

答案：（1）25　　（2）20　　（3）10

解析：（1）一共分两步，由于拿完的球放回了盒中，所以每步都有 5 种可能，所以 $5 \times 5 = 25$。

（2）一共分两步，第一步有 5 种可能，由于第二步时拿出的球没有放回，所以第二步有 4 种可能，所以 $5 \times 4 = 20$。

（3）同时摸出 2 个球，没有先后顺序，即每个拿出的球做的事情没有区别，则用 $C_5^2 = 5 \times 4 \div 2 = 10$。

注意对比上面三问，（1）和（2）（3）的区别在于是否"放回"已经拿出的球，若"放回"，则说明下一步的选择个数和上一步一致；若"不放回（without replacement）"，则每步所选元素之间不能重复，说明下一步的选择个数比上一步少 1 个，而不放回的情况也就可以用排列组合公式解决。

（2）和（3）的区别在于选出的球编号先后顺序是否不同，（2）中球的先后顺序有区别，所以用排列公式 A_5^2，或者直接分步 $5 \times 4 = 20$；而（3）中先后顺序忽略不计，所以用组合公式 $C_5^2 = 10$。

4. 概率与概率分布 >>

4.1 概率

视频讲解

4.1.1 基本概念

我们通过一个例子来理解概率的概念。

例 46： 假设有标号 1~5 号的 5 个球，质地、大小均一致，放入一个盲盒中。任意摸出 1 个球，这个球的编号是偶数的概率是多少？

答案： $\dfrac{2}{5}$

解析： 大家可能都会脱口而出概率是 $\dfrac{2}{5}$。实际上得出答案的过程就是在心中默默数了两个数：

（1）做的这件事一共有多少种情况：盒里一共有 5 个球，所以是 5 种取法，概率的分母是 5。

（2）题目问的具体事件有多少种情况：编号是偶数的球有 2 和 4 一共是 2 个，所以概率的分子是 2。

最后用 2 除以 5 得到概率为 $\dfrac{2}{5}$。

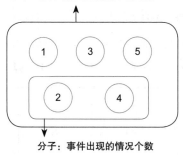

分母：所有可能出现的情况的总数

分子：事件出现的情况个数

概率的计算方法——事件 E 发生的概率：

$$P(E) = \frac{\text{事件} E \text{出现的情况个数}}{\text{所有可能出现的情况个数}}$$

【注意】（1）在上述概率的计算方式中，假设分子、分母的每种可能发生的情况都是等可能性的，比如摸到 1 号、2 号……5 号球的可能性是一样的，那么算概率的时候直接把需要的情况计数，然后做除法即可。

（2）在某些情况下无法具体计算出现情况的个数，则可以用其他的度量方式。例如，在从 0 到 3 的实数中任取一个数，计算这个数小于 2 的概率。由于 0 到 3 的实数有无数个，我们用 0 到 3 的长度 3 来作为分母，0 到 2 的长度 2 作为分子，则概率是 $\frac{2}{3}$。

分母

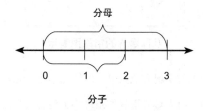

分子

这种情况在数学上被称作"几何概型"，在 GRE 数学中无需区分几何概型和古典概型等概念，只用知道计算概率时若可能的情况有无数种，可以用几何度量方式（长度、面积等）来计算分子和分母。

对于实际场景中的概率问题，在计数的过程中，常常会与计数原理和排列组合相结合进行考查。

例 47： 对一个批量生产零件的生产线进行质量检测，已知每一箱零件中有 10 个零件，现从 3 箱零件中随机抽出 3 个零件进行检测，求所检测的 3 个零件来自同一个箱子的概率是多少？

答案： $\frac{18}{203}$

解析： 要计算概率，就要数清楚两个数：题中所给事件（3 个零件来自同一箱）发生的情况、所有可能发生的情况数量。第一步，要数清楚第一个数，可以假设有 A、B、C 3 个箱子，3 个零件都从 A 箱中的 10 个零件中抽取，不考虑顺序，共有 $C_{10}^3 = 120$ 种可能同理，分别从 B 箱和从 C 箱中抽取 3 个零件的概率也分别为 $C_{10}^3 = 120$ 种；这样，抽 3 个零件均来自同一箱子共有 $120 + 120 + 120 = 360$ 种可能结果。第二步，计算所有的可能的结果，即从 30 个零件里随机抽选 3 个，不考虑顺序，共有 $C_{30}^3 = 4060$ 种方法抽选。因此，题目所求的概率 $P = \frac{360}{4060} = \frac{18}{203}$。

4.1.2 两个事件之间的关系

概率问题中两个事件的关系与两个集合之间的关系类似，也可以用交并集关系和韦恩图的方法表示。

（1）对立事件 (opposite event)：如果事件 A 和事件 B 为对立事件，则 A 和 B 的概率的和为 1，且二者同时发生的概率为 0。即对立事件 A 和 B 满足：$P(A)+P(B)=1$ 且 $P(A \text{ and } B)=0$。

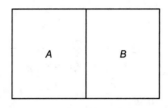

对立事件的韦恩图表示

例如，一个质地均匀的骰子的点数不是奇数就是偶数，且不可能同时为奇数和偶数，因此出现奇数点与出现偶数点这两个事件即为对立事件。

（2）互斥事件 (exclusive event)：如果事件 A 和事件 B 为互斥事件，则二者同时发生的概率为 0；即互斥事件 A 和 B 满足：$P(A \text{ and } B)=0$。

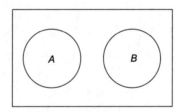

互斥事件的韦恩图表示

例如，扔一个均匀骰子点数为 1 的情况和点数为 2 的情况不能同时发生，这两个事件即为互斥事件。

【注意】 对立事件必定是互斥事件，因为对立事件的条件中就包含互斥事件所要求的二者同时发生的概率为 0 的条件。

（3）独立事件 (independent event)：两个互不影响的事件。

事件 A 和事件 B 独立，等价于 A 和 B 同时发生的概率等于 A 和 B 概率的乘积；即独立事件 A 和 B 满足：$P(A \text{ and } B)=P(A) \times P(B)$。

例如，同时投掷硬币和骰子，二者的结果互不影响，则硬币为正面，并且骰子掷出 1 点的概率为 $\frac{1}{2} \times \frac{1}{6} = \frac{1}{12}$。

（4）A 或 B 发生的概率：$P(A \text{ or } B) = P(A) + P(B) - P(A \text{ and } B)$，该公式对任意两事件 A 和 B 均成立。这类似于集合的交并集关系。

> 例 48：Consider a probability experiment with events M, N, and L for which $P(M) = 0.25$, $P(N) = 0.35$, and $P(L) = 0.80$. Suppose that events M and N are mutually exclusive and events N and L are independent. What are the probabilities $P(M \text{ or } N)$ and $P(N \text{ or } L)$?

答案： 0.60，0.87

解析： 已知 M 和 N 互斥，即 $P(M \text{ and } N) = 0$，$P(M \text{ or } N) = P(M) + P(N) - P(M \text{ and } N) = 0.25 + 0.35 - 0 = 0.60$。
已知 N 和 L 独立，则 $P(N \text{ and } L) = P(N) \times P(L) = 0.35 \times 0.80 = 0.28$，$P(N \text{ or } L) = P(N) + P(L) - P(N \text{ and } L) = 0.35 + 0.80 - 0.28 = 0.87$。

【**总结**】 概率问题分成两类。第一类为与实际生活结合的概率问题，就是数清楚两个数——所有可能结果的个数（总个数）以及属于题目要求事件的可能结果的个数（事件中的个数），用事件中的个数 / 总个数 = 所求概率。第二类为题目中给出两事件之间的关系，利用关系对应的公式进行计算求解。

4.2 概率分布

4.2.1 随机变量

上一小节探讨的是某个具体事件的概率大小。若将概率试验中可能出现的情况用不同的实数来表示，即可称为"随机变量"（random variable），不同的随机变量取值可能对应不同的概率大小。

例如，掷一个均匀的骰子，设骰子朝上的点数为 X，那么 X 就是一个随机变量，可能出现的结果是 $X = 1$，2，3，4，5，6。可以将不同的结果对应的概率算出，写成如下的概率分布（probability distribution）：

X	P(X)
1	$\frac{1}{6}$
2	$\frac{1}{6}$
3	$\frac{1}{6}$
4	$\frac{1}{6}$
5	$\frac{1}{6}$
6	$\frac{1}{6}$

观察上面的分布我们可以发现：

（1）分布中的每个结果互斥，不可能同时出现。

（2）分布中所有概率相加等于 1。

（3）根据分布的概率可以求出随机变量 X 的平均值（mean）或者叫作期望值（expected value / expectation），也就是将随机变量值和对应的概率相乘，再把所有得出的结果相加，即 $mean = X_1 P(X_1) + X_2 P(X_2) + \cdots + X_n P(X_n)$。对于上述扔骰子的例子，$mean = 1 \times \frac{1}{6} + 2 \times \frac{1}{6} + 3 \times \frac{1}{6} + 4 \times \frac{1}{6} + 5 \times \frac{1}{6} + 6 \times \frac{1}{6} = 3.5$。

4.2.2 概率分布曲线

上述例子中描述的是一个离散型随机变量，也就是随机变量的取值是可以一一列出的。而在实际生活中，有些随机变量可以取某区间内所有实数值，也就是连续型随机变量。

视频讲解

例如，A 同学每次和他的朋友打电话的时长就是一个随机变量，设通话时长为 X，则通过大量数据统计可以绘制出一个概率分布曲线（probability distribution curve）：

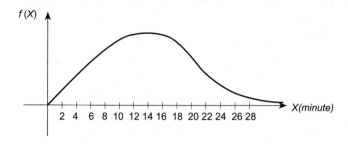

上图中的 X 轴表示随机变量的值，即通话时长，纵轴 $f(X)$ 表示 X 在取其附近的值时概率的相对大小，即曲线越高，该区段的概率就会相对更高。

【注意】（1）概率分布曲线必然在 X 轴上方，即 $f(X) \geq 0$，因为显然不可能出现负概率；

（2）不要将 $f(X)$ 的函数值当成某一点发生的概率，X 等于某个值发生的概率被认为是 0，概率分布曲线中只有求某一区间的概率才有意义。【大学学过概率论与数理统计的考生应该还记得，这里的 $f(X)$ 表示概率密度（density curve）。】

在 GRE 考试中，只需记概率分布曲线的如下性质：

（1）概率分布曲线与 x 轴围成的面积为 1。

（2）随机变量 X 落在区间 $x_1 \leq X \leq x_2$ 的概率 $P(x_1 \leq X \leq x_2)$，等于区间 $x_1 \leq X \leq x_2$ 上概率分布曲线与 x 轴围成的面积。

例如上述例子中，求 A 同学和对象通话时长在 6 分钟到 16 分钟之间的概率 $P(6 \leq X \leq 16)$，就是求下图阴影部分的面积：

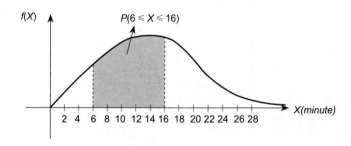

例 49：The probability distribution function f of a continuous random variable X is defined as shown.

$$f(X) = \begin{cases} \dfrac{1}{6}, & if\ 0 \leq X \leq 2 \\ -\dfrac{1}{48}X + \dfrac{5}{24}, & if\ 2 < X \leq 10 \end{cases}$$

（1）What is the 20th percentile of the distribution of X?

（2）What is the median of the distribution of X?

答案：（1）1.2 　（2）$10-4\sqrt{3}$

解析：（1）拿到概率分布的题目，先画出概率分布曲线示意图。

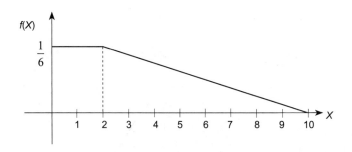

根据百分位数定义，第 20 个百分位数即使得 $P(X<k)=20\%$ 的 k 值，也就是从分布最左端开始面积为 20% 的位置，如图所示（显然 k 应小于 2，因为 2 的左边的面积是 $2\times\dfrac{1}{6}=\dfrac{1}{3}>20\%$）：

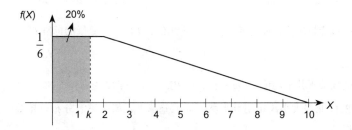

所以我们求阴影部分面积为 $\dfrac{1}{6}k=20\%$，得到 $k=1.2$。

（2）首先需要理解 the median of the distribution of X，即 X 的分布的中位数的含义。在前面的小节提到，一组数据中应有 50% 的数据小于中位数，即中位就是第 50 个百分位数（P50）。那么在概率分布中，就是求使得 $P(X\leqslant M)=\dfrac{1}{2}$ 成立的 M 的值，也即从分布最左边开始到 M 处的面积应为 $\dfrac{1}{2}$。则如图所示（显然 M 应大于 2，理由如同（1）中所述）：

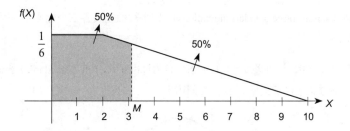

为计算方便我们可以用右边空白的三角形面积为 50%，列出 $\dfrac{1}{2}(10-M)\left(-\dfrac{1}{48}M+\dfrac{5}{24}\right)=\dfrac{1}{2}$，解得 $M=10-4\sqrt{3}$。

4.2.3 正态分布

在 GRE 考试中我们只考查一种特殊的分布——正态分布 (normal distribution)。正态分布普遍存在于生活中，例如，我们想做个 10 cm 长的尺子，但由于生产工艺误差，实际生产出的尺子长度可能是 9.99 cm、

10.03 cm 等等，那么实际的尺子长度就服从正态分布。无须记住正态分布的具体表达式，只需了解其性质即可做题。

正态分布的分布曲线如下图所示：

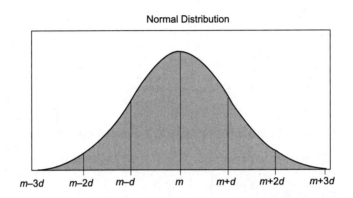

Normal Distribution

其中横轴表示随机变量的值，m 是随机变量的平均值，d 是随机变量的标准差。

正态分布的性质：

（1）正态分布曲线关于其平均值 $x = m$ 对称，即 $P(X \leq m) = P(X \geq m) = 50\%$。

（2）正态分布的标准差大小决定了其形状，标准差越大，那么正态分布就越矮胖，反之，标准差越小，正态分布越高瘦。

（3）不论平均值 m 和标准差 d 分别是几，所有正态分布在平均值左右一个标准差之内、两个标准差之内、三个标准差之内的概率均为定值。考生对其概率值有大致印象即可。

一个标准差之内（within one standard deviation），即平均值左右各一个标准差的距离内：$P(m - d \leq X \leq m + d) = 68\%$。

两个标准差之内（within two standard deviations），即平均值左右各两个标准差的距离内：$P(m - 2d \leq X \leq m + 2d) = 95\%$。

三个标准差之内（within three standard deviations），即平均值左右各三个标准差的距离内：$P(m - 3d \leq X \leq m + 3d) = 99.7\%$。

（4）我们称平均值 $m = 0$，标准差 $d = 1$ 的正态分布为标准正态分布（standard normal distribution）。在题目中经常用标准正态分布来提示概率大小，如下图所示：

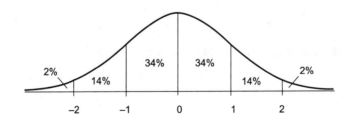

【注意】图中所示的概率值为近似值。考试时正态分布的概率，以题目中所给的数据为准。

例50：已知在标准正态分布中，各部分概率如下：

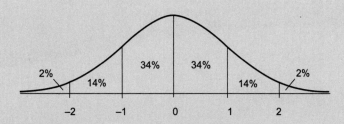

在大学的一门专业课考试中，学生的成绩近似服从于均值为75，标准差为5的正态分布，已知该课程共有400位同学参与考试。

（1）有多少考生的成绩大于等于85分？

（2）成绩70分位于第几个百分位数上？

答案：（1）8 （2）16

解析：根据标准正态分布的标准差和平均值的关系，对应到本题中，学生的成绩的概率分布图应为：

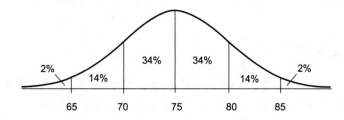

（1）求学生获得85分及以上的概率，发现85正好比平均值75大两个标准差，根据上面提供的标准正态分布图，大于两个标准差的概率为2%。一共有400名学生参与考试，获得85分及以上的学生数量为 $400 \times 2\% = 8$。

（2）70位于75左侧一个标准差，其百分位数就是从最左边开始到70这个位置的面积，根据图中所示应为2%+14% = 16%，即70位于第16个百分位数。

第二章 / 难点突破

第一节 逻辑上的易错点

很多考生在备考 GRE 的初始阶段，认为 Analytical Writing 和 Verbal 是在考查英语，Quantitative 是在考查数学。这其实是大多数人的一个认知误区，实际上三者都在考查考生的逻辑思维和思考能力，只不过是采用三种不同的形式，各有侧重点而已。很多考生之所以拿不了高分，就是在备考方向上没有把握 GRE 考试的重点。

GRE 数学同样如此，在常见的失分点上，逻辑思维的欠缺是一个非常普遍、较难发现且不易改正的问题，很多考生在长期的学习过程中养成了非常不好的思维习惯，导致逻辑思考的链条不够完整、不够严谨。本小节将会通过两部分内容指出考生常见的思维误区，并引导考生走出误区。

1. 警惕几何图形的欺骗性 >>

几何类题型的一大特点是题目会给出配图，很多考生过于依赖这些图，导致思路受限甚至被误导。其实在 GRE 考试的官方指导和正式考试中，都强调"几何图形并不一定按比例画出"。

在处理这类题目时，要时常记着这些图形的假设，基本可以总结为，**几何图形的形状是可以相信的**。比如配图中的一条直线是直线，而不是曲线，配图的圆是圆，而不是椭圆；**但这些图形的量化关系是无法直接判定的**，如长度、角度及其相对大小关系。比如配图中的一个角，即使它看起来非常像直角，但在题目没有说明或者可以证明的情况下，都不能说它是直角。

接下来，我们将通过下面的难点题目指出考生在处理几何题目时常犯的错误。

难点 1： In the triangle below, $AB = 3$, $AC = 6$.

Quantity A	Quantity B
The area of triangle ABC	8

  Ⓐ Quantity A is greater.

  Ⓑ Quantity B is greater.

  Ⓒ The two quantities are equal.

  Ⓓ The relationship cannot be determined from the information given.

答案：D

解析：这是一道常见的配图不能反映图形真实情况的题目。对这道题来说，配图和题目的已知条件有意让考生把 $\triangle ABC$ 想象为一个内角为 $30°$ 的直角三角形，但仔细审题发现，题目中并没有给出任何判定 $\angle B$ 为直角的条件。换言之，点 B 是可以动的，所以图形的真实形状与配图相差很大。很多考生因此得出这道题的答案是 D，无法判断。然而这些考生的思路到此为止，自信地认为发现了本题的陷阱，选出了正确的答案。但殊不知他们的逻辑链条还是不够完整。现在，题目只需要稍作改动，详见难点 2。

难点 2：In the triangle below, $AB = 3$, $AC = 6$.

Quantity A	Quantity B
The area of triangle ABC	10

Ⓐ Quantity A is greater.

Ⓑ Quantity B is greater.

Ⓒ The two quantities are equal.

Ⓓ The relationship cannot be determined from the information given.

答案：B

解析：现在，即使考虑到点 B 是可以动的，但点 B 的位置也受题目中给出的条件限制。我们假设点 A 和点 C 是不动的，那么 B 可能存在的位置是一个以 A 为圆心，以 AB 长度为半径的圆上，如下图所示。不难得知，$\triangle ABC$ 的面积存在最大值，在以 AC 为底边，当 B 点向下移（见下图），此三角形取到面积的最大值（从 B 向 AC 作的高最大），最大面积为 $\frac{1}{2} \times 3 \times 6 = 9$。所以即使在 $\triangle ABC$ 取到最大面积时，Quantity A 依然小于 Quantity B。因此，这道题的答案就不再是 D，而变为 B。

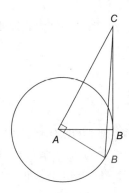

【总结】通过这道题可以发现，GRE 数学中往往设置不止一个逻辑陷阱。有的考生只发现了 $\angle B$ 不一定是直角的陷阱，选择了 D，但没有发现后面还有一个陷阱，"防不胜防"。

难点 3：

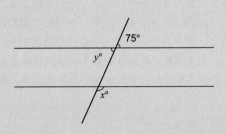

| Quantity A | Quantity B |
| x | y |

Ⓐ Quantity A is greater.

Ⓑ Quantity B is greater.

Ⓒ The two quantities are equal.

Ⓓ The relationship cannot be determined from the information given.

答案：D

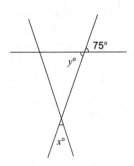

解析： y 所在的角与 $75°$ 所在的角互为对顶角，所以，$y = 75$。但两条线的位置关系无法确定，如下图所示，当 x 所在的另一条边接近竖直的时候，$x < y$，所以无法判断 x 与 y 的大小关系。

【注意】 两直线平行的条件，只能由题目的文字描述给出 (lines are parallel/parallel lines)，不能由图形的样子脑补平行的条件。

因此，在处理题目时，考生要注意自己思考的完整性，仔细思考题目可能设置的陷阱，这样才能避免在这类考查逻辑思考严谨性的题目中失分。

2. 警惕特殊情况 >>

在 GRE 数学中，考查考生逻辑思维的完整性和区分考生水平的一类很好的题目就是具有特殊情况的问题。特殊情况可能存在于许多方面，在算数、几何、排列组合中都有可能出现。不管针对哪一类题目，考生只要在平时做题训练中养成良好的思维习惯，便不会总犯"没想到""马虎"这类的错误，现在通过下面的难点题目来详细说明。

难点 4：In a probability experiment, the events A and B are independent of each other. The probability of A occurring is p_1, while the probability of B occurring is p_2, where both p_1 and p_2 are greater than 0.

Quantity A	Quantity B
The probability of either A or B occurring, but not both	$p_1 + p_2 - p_1 \times p_2$

  Ⓐ Quantity A is greater.

  Ⓑ Quantity B is greater.

  Ⓒ The two quantities are equal.

  Ⓓ The relationship cannot be determined from the information given.

答案：B

解析：这道题是一道很简单的集合 / 概率的题目，解题用到的是交并集公式，$P(A \cup B) = P(A \text{ or } B) = P(A) + P(B) - P(A \text{ and } B)$。当然，注意到 Quantity A 中提到了 "but not both"，所以需要在上面这个公式的基础上再减掉一个 $P(A \text{ and } B)$。因为 $P(A \text{ or } B)$ 本身指的是 " The probability of either A or B occurring (including both)"。所以 Quantity A $= (p_1 + p_2 - p_1 p_2) - p_1 p_2 = p_1 + p_2 - 2 p_1 p_2$，Quantity A 比 Quantity B 少一个 $p_1 p_2$，可以得知，Quantity A < Quantity B。

    这个题目解题步骤很简单，只需利用交并集公式求解即可，可能有考生会问，这里哪里有考查特殊情况？那么再对这个题目稍加改动。

难点 5：In a probability experiment, the events A and B are independent of each other. The probability of A occurring is p_1, while the probability of B occurring is p_2.

Quantity A	Quantity B
The probability of either A or B occurring, but not both	$p_1 + p_2 - p_1 \times p_2$

  Ⓐ Quantity A is greater.

  Ⓑ Quantity B is greater.

  Ⓒ The two quantities are equal.

  Ⓓ The relationship cannot be determined from the information given.

答案：D

解析：改完这个题目后，很多考生感觉根本没有任何变化，只不过是删掉了一句 "where both p_1 and p_2 are greater than 0"。考生以为这句话在原题的解题过程中并没有起到任何作用，于是还认为答案选 B。但是，Quantity A − Quantity B $= -p_1 p_2$。在没有限制 "p_1 和 p_2 都为正数" 的情况下，任何概率的取值范围是大于等于 0 且小于等于 1。如果 p_1 或 p_2 取到 0，此时 $-p_1 p_2 = 0$，Quantity A = Quantity B；结合上面的 Quantity A < Quantity B 的情况，这样正确答案就变成了 D。

    由此可见，看似没有用的 " where both p_1 and p_2 are greater than 0" 是非常有用的，它恰恰排除了一种特殊情况，而很多考生在逻辑思考的过程中并没有意识到这一点。如果考试真的按照第二种方式去出，相信会有大量考生答错。

    所以，考查逻辑思维的严谨性是能够区分考生真正水平的一个很好的手段。考生要养成良好的思维习惯，就要在审题、做题、检查三步中都要去思考自己的思维是否严谨。从长远来说，严谨的逻辑思维也是考生在硕士学习或博士科研中极为重要的因素，也就不难理解 ETS 为何总会在这方面出很多题目。

3. 警惕有实际意义的题目 >>

GRE 数学中有一类结合生活背景的题目，被称为"应用题"。这类题目有两大难点：一是理解题意，二是将文字描述转换成数学关系。除了以上难点，还有一个隐藏的逻辑失分点，就是考生可能会忽略应用题中部分数量的实际意义。下面，通过难点题目来详细解释。

难点 6：　In a group of 200 male and female workers, 10 percent of the males smoke, and 49 percent of the females smoke.

Quantity A　　　　　　　　　　Quantity B

Total number of workers who smoke　　　　　　59

Ⓐ Quantity A is greater.

Ⓑ Quantity B is greater.

Ⓒ The two quantities are equal.

Ⓓ The relationship cannot be determined from the information given.

答案：C

解析：处理这种应用题，先试着把文字描述转换成数学关系。设 male worker 的数量为 x，则 female 的数量为 $200-x$，Quantity A $= 0.1x+0.49(200-x)=98-0.39x$，$x$ 的范围为 $0<x<200$，所以 $20<$ Quantity A <98。这是我们能用数学的方法推断出的 Quantity A 的一个范围。根据这个范围，考生可能错误地选择 D。

但是，单纯用数学的方法去解决这个问题，会忽略一个很重要的条件，就是人数必须是正整数，比如不可能存在 0.4 个人。这就是实际意义带来的限制。如果我们这样考虑，那么 x 是正整数，$0.1x$ 也要是正整数，$0.49(200-x)$ 也需要是正整数，甚至 Quantity A $= 98-0.39x$ 也是正整数，那在 $0<x<200$ 的范围内，能满足条件的 x 只有 100 一个数。所以 Quantity A $= 98-0.39×100=59$。答案选择 C。

在被 GRE 的"铁拳"反复捶打后，我意识到了 GRE 其实是一场心理游戏。如果说 GRE 语文考查的是"无论面对多么强大的对手，是否能做到不畏敌"，那么数学考查的则是"无论面对多么弱小的敌人，是否能做到不轻敌"。数学 170 分对于聪明的考生来说并不难，但有太多的聪明人因为自己的聪明而止步于 165 分。

——林晓宇 北京航空航天大学 微臣线下 GRE325 班学生 GRE 数学从 160 进步到 169

第二节 复杂信息的处理

1. 多个知识点融合的复杂题目 >>

目前市面上大多的数学课程和资料，甚至是 ETS 的官方指南，都是把 GRE 数学按照基础知识分为四大板块——算数、代数、几何、数据分析——进行讲解。随着目前 GRE 数学的难度逐年增高，其题目设置不再像以往一样只考查单一知识点，而是将多个知识点结合，其形式变化多样，复杂程度高。考生在面对此类型题目时，往往难以找到切入点，从而无法建立对知识点和解题方法的关联，导致许多考生对此类型题目心生畏惧。

本节将通过一些简单的例子，分层次、由易到难地解释此类题型的命题规律，让考生能够更加熟悉 GRE 数学的出题思路，帮助考生系统、高效地解决这类问题。最常见的解题策略就是"逐个击破"，这也是贯穿本节的核心。

1.1 融合知识点的命题规律

一道融合了多个知识点的题目是怎么来的呢？如果考生能站在考官的角度审视问题，也许会对这类问题有更深的理解。

首先，来看一道题目。

难点 7： What is the remainder when 177147 is divided by 5?

答案： 2

解析： 这就是一道简单的求余数的题目。可以像小学生一样列竖式，求得 $177147 \div 5 = 35429 \cdots\cdots 2$，即余数为 2。

现在把题目改一下：

难点 8： What is the remainder when 3^{11} is divided by 5?

答案： 2

解析： 现在被除数变 3^{11}，我们无法像难点 7 一样直接列竖式，而且在考场上不借助科学计算器很难算出 3^{11} 的值，这时必须思考所求的余数具有什么特点。

在第一节 2.3 小节因数和倍数中讲过，判断一个整数是否是 5 的倍数，只需看其个位数是否是 0 或 5。据此进一步判断出，一个整数除以 5 所得余数，也只和这个数的个位数有关。如个位数为 1 的整数除以 5 的余数为 1，如 $1 \div 5 = 0 \cdots\cdots 1$；$11 \div 5 = 2 \cdots\cdots 1$。进而只需要探讨 3^{11} 的个位数的值，即可求出其除以 5 的余数。而整数乘方的个位数会根据指数的增大而循环，因此可以列出下表：

n	1	2	3	4	5	6	7	8
3^n 的个位数	3	9	7	1	3	9	7	1

3[n] 的个位数是 {3, 9, 7, 1} 四个数的循环，于是用 11 ÷ 4 = 2⋯⋯3，即 3[11] 的个位数是 {3, 9, 7, 1} 中的第 3 个数，即 3[11] 的个位数是 7，那么 3[11] 除以 5 的余数就等于 7 ÷ 5 = 1⋯⋯2。

难点 8 实际上只是把难点 7 的 177147 换成了相等的 3[11]，但难点 8 在考查余数的基础上，又考查了整数乘方找规律的知识点，从而加大了难度。

1.2 以 A 知识点为外壳，实则考查 B 知识点的题目

较为简单的多知识点融合题目的特点为：A 知识点仅作为题目的背景信息，实际单一考查 B 知识点，请看下面的难点题目：

难点 9: In a certain distribution, the value 10 is 2 standard deviations below the mean, and the value 19 is 3 standard deviations above the mean. Which of the following represents the mean of this distribution?

Ⓐ 13.3　　　Ⓑ 13.4　　　Ⓒ 13.5　　　Ⓓ 13.6　　　Ⓔ 13.7

答案： D

解析： 此题以数据分布这样一个数据分析部分的知识点为框架，单纯考查二元一次方程，解题的步骤和最后的结果均与数据分布无关。设 mean 为 m，standard deviation 为 d，$m-2d=10$，$m+3d=19$。解得 $m=13.6$，$d=1.8$。答案选 D。

上面这个题目，数据分布这个背景知识点在解题过程中没有起到任何作用，但有时，尽管背景知识点与解题过程没有关系，但它会干扰考生的思路，从而间接提高题目难度。接下来我们看这样一个难点题目。

难点 10: If $a^2 + b^2 = c^2$，and a, b, c are all integers. Which of the following CANNOT be the value of $a + b + c$?

Ⓐ 2　　　Ⓑ 1　　　Ⓒ −2　　　Ⓓ 4　　　Ⓔ 6

答案： B

解析： 这个题目的第一个信息 "$a^2 + b^2 = c^2$"，容易让考生联想到勾股定理。很多考生由此出发，对照选项进行 a、b、c 的举例，但多次试验之后发现并不能快速找到正确答案。很多考生之所以会想到勾股定理，一是被背景信息干扰，二是忽略了题目中的某个条件 "a, b, c are all integers"。题目中提到的是整数，如果命题者真的想让我们用三角形的知识去做的话，至少会规定 a、b、c 为正数。所以这道题的正确解题方式并不是通过勾股定理，而是通过奇偶性。从等式 $a^2 + b^2 = c^2$ 入手，分类讨论 c^2 分别为奇数和偶数的情况，进而推出 a^2 和 b^2 的奇偶性，进一步写出 a、b、c 所有奇偶性的组合：

a	b	c	$a + b + c$
奇	奇	偶	偶
偶	偶	偶	偶
奇	偶	奇	偶
偶	奇	奇	偶

可以得出 $a+b+c$ 一定是偶数。于是 B 选项 1 是奇数，就一定不能是 $a+b+c$ 的值。

1.3 同时考查多个知识点的复杂题目

处理较为复杂的题目时，考生往往被过多的知识点吓到，头脑慌乱，不知道从哪里下手。处理这类题目，建议考生首先观察题目中有哪些知识点，然后再联想各知识点的常见考法，寻找突破口。具体请看下面的难点题目。

难点 11: Let S be the set of all positive integers n such that n^2 is a multiple of 24 and 108. Which of the following integers are divisor of every integer n in S? Indicate all such integers.

[A] 12   [B] 24   [C] 36   [D] 72

答案：AC

解析：这是一个融合了完全平方数、最小公倍数、因数等多个知识点的题目，而且作为一道多选题，此题描述复杂。"all/every"这种词汇告诉考生此题想蒙对是不可能的。

在切入点部分，通过联系之前讲过的知识点，以及题目提到的"n^2 is a multiple of 24 and 108"，因此要去找 24 和 108 的最小公倍数。通过短除法，算出最小公倍数是 216。再通过质因数分解，其形式是 $2^3 3^3$，而 n 是正整数，n^2 是一个完全平方数，能够让 $2^3 3^3$ 变为完全平方数的第一个正整数是 6，此时 n^2 变为 $2^4 3^4$，n 就是 36。

接下来再去思考集合 S 的下一个元素的时候就容易想到，既然 n^2 是一个完全平方数，那就要继续在 $2^4 3^4$ 的基础上添加完全平方数，于是第二个符合条件的 n^2 是 $2^4 3^4 2^2$，依此类推，$2^4 3^4 3^2$，$2^4 3^4 4^2$，…。因此，n 就是 36，72，108，…，也就是 36 的所有倍数。

但做到这里，还要注意题目问的是 divisor，不是元素本身。要找的是 36，72，108，…的公因数，也就是它们的最大公因数的因数，即 36 的因数，所以正确答案是 12 和 36，选 A 和 C。

由这个例题，我们可以认识到在处理融合多个知识点的题目中找到合适切入点的重要性，考生务必要多加练习，方能熟练应对此类复杂题目。

2. 文字描述题和图表题 >>

很多考生面对长题干的文字描述题和信息较多的图表题时，无法准确理解题意，导致失分，所以有必要对此做专题训练。

2.1 文字描述题

文字描述题，要求考生具备：

（1）从文字中提取信息的能力；

（2）将文字转化成数学表达式的能力。

须知"翻译题目≠读懂题目"。在接下来的例题讲解中，不会直接给出题目翻译，而是给出对应的英文表达与数学表达式。

本小节会从三个方面讲解文字描述题的方法论：

（1）如何从题目的描述中提取信息；

（2）倍数、比例和百分比的惯用表达；

（3）利息相关的问题。

2.1.1 提取信息

难点 12： RESULTS OF A PET SHOP

Pets	Cats	Dogs
Number of pets offered	20	34
Projected sales total for pets offered (in thousands)	$22	$48
Number of pets sold	16	20
Actual sales total (in thousands)	$16.32	$30

For the cats sold at the pet shop that is summarized in the table above, what was the average sale price per cat?

$ [   ]

答案： 1020

解析： 对于有表格的文字描述题，应该先读表格的标题和表头，把握包含的信息，再看题干的描述，从表格中找出需要的信息。本题问的是 cats sold 的平均价格，也就是出售的猫的平均价格，对应的第一列的猫，以及第三行和第四行卖出的（sold）信息。用实际总销售额除以售出的数量，得出平均价格。所以，16.32/16 = 1.02 (thousand)，答案为 1020。这道题目还要注意，在文字描述题中往往会有需要转换单位的情况，务必要注意各量所标注的单位。

难点 13： A certain shop sells 200 bottles of water. All the bottles are sold when the price of each bottle is $2. For every $2 increase in the price of a bottle of water above $2, the shop will sell 5 fewer bottles, which of the following could be the price of a bottle of water if the revenue from the sale of bottled water is $1,800?

(A) $6   (B) $8   (C) $9   (D) $10   (E) $18

答案： D

解析： 这道题目我们可以巧妙地设未知变量。设涨价的次数为 x 次，则瓶装水单价为 $2 + 2x$，销量为 $200 - 5x$，根据单价 × 销量 = 收益，可得 $(2 + 2x)(200 - 5x) = 1800$，整理得 $x^2 - 39x + 140 = 0$；得得 $x = 4$ 或 35，所以单价为 $2 + 2 \times 4 = 10$ 美元，或 $2 + 2 \times 35 = 72$ 美元（选项中没有），因此选择 D 选项。

需要注意的是，有些考生会直接将题目所问的单价设为 x，但是这样会让销量的表达式变得复杂，从而使得方程数字较大，容易出现计算失误。所以在设未知量时，应先观察题目中对数量关系的描述，从而设置合适的未知量。

难点 14： Abby bought a vase for $30 and then determined a selling price that equaled the purchase price of the vase plus a markup that was 25 percent of the selling price. During a sale, Abby discounted the selling price by 20 percent and sold the vase. What was Abby's gross profit on this sale?

(A) $0   (B) $1   (C) $2   (D) $7.5   (E) $10

答案： C

解析： 已知花瓶（vase）的买入价是 30 美元，现在 Abby 需要出售此花瓶。这里，定语从句解释前面名词 a selling price 的数量关系——a selling price {that equaled the purchase price of the vase plus a markup [that was 25 percent of the selling price]}。定语从句修饰了 selling price，设 selling price 为 x，那通过 selling price 和 purchase price 的关系得知，markup = $x - 30$。又从 markup 的定语从句修饰中得知

markup = 25% × selling price，即 markup = 0.25x。于是我们可知，$x - 30 = 0.25x$。于是 selling price $x = 40$。

在甩卖 (sale) 中，降价 20%，现售价为 $40 \times (1 - 20\%) = 32$，所以在甩卖中的总利润 (gross profit) 为售价 − 买入价 = $32 - 30 = 2$。选择 C 选项。

题目可能会出现陌生单词，如这里的 markup，其含义为"利润"。但考生不用知道 markup 的意思也能做对题目，因为后面有定语从句表示其中的数量关系，那么就可以把这个单词视作一个未知数 x，继续进行后面的计算。

2.1.2 惯用表达

（1）倍数

GRE 数学会出现的倍数表达的形式如下：

A is *n* times B. / There are *n* times as many A as B.

中文释义：A 是 B 的 *n* 倍。

表达式关系：A = *n*B

对于倍数表达有统一处理方式：

① 句子中待比较的两个数量，设先出现的数量是 A，后出现的数量是 B，按顺序写在草稿纸上。

② 找出倍数表达的符号，如在倍数 *n* times 前面有 more than 或者 less than，即为"＞"或"＜"，若不含有以上两个词组，则为"＝"，将符号写在 A 和 B 之间。

③ 找出句子中的倍数 *n* times，将倍数 *n* 写在符号的后面。

【注意】倍数表达"A is *n* times bigger than B."的含义有歧义，所以出题方不会使用这种表达。

难点 15：A campus shuttle has 20 double seats in each of 2 rows. Two people can sit in each double seat. If an empty shuttle starts out and makes two stops, picking up three times the number of people at the first stop as at the second stop, and if the shuttle is then filled to its seating capacity, how many people got on the shuttle at the second stop?

Ⓐ 5　　　　Ⓑ 10　　　　Ⓒ 20　　　　Ⓓ 30　　　　Ⓔ 60

答案：C

解析：班车上一共两排座位，每行 20 个座位，那么一共有 $2 \times 20 = 40$ 个座位，每个座位里可以坐两个人，则班车满员是 $2 \times 40 = 80$ 人。倍数表达" picking up three times the number of students at the second stop as at the first stop"说明了两个车站上车人数关系。参与比较的第一个数量是" the number of people at the first stop"，将其设为 A；第二个数量是"(the number of people) at the second stop"，将其设为 B。这句话中没有出现"more than"和"less than"来表示不等式关系，则符号是"＝"。倍数是 3 倍，写在"＝"的后面。则这个倍数表达对应的表达式为：A = 3B。又因为两站上车的人数正好等于额定人数，所以 A + B = 80。所以得到：A = 60，B = 20。则第二站有 20 个学生上车，选择 C 选项。

【总结】在有倍数表达的题目中，往往会给出两个数量的和或者差的信息 (A+B 或 A−B)，从而列出方程组，解出待求的几个数量的值。

（2）比例

GRE 数学考试中涉及比例的表达有如下两类：

1) ratio 比

the ratio of A to B

中文释义：A 与 B 的比值

表达式关系：$A:B$

出现 the ratio of 的句子往往很长，因为数量 A 和 B 的描述可能会有很多修饰成分。所以看到 the ratio of 短语之后，首先去找"of"后面的"to"，则"of"和"to"之间的部分就是参与比较的第一个数量 A，"to"后面的部分就是参与比较的第二个数量 B。

难点 16：There are a total of 21 apples and avocados at a basket. If the ratio of the number of avocados to the number of apples at the basket is 5 to 2, how many apples are at a basket?

答案：6

解析：比例表达为" the ratio of (the number of avocados) to (the number of apples) at the basket is 5 to 2"。则设 the number of avocados(牛油果的个数) 为 A，设 the number of apples (苹果的个数) 为 B。那么该句表示 $A:B=5:2$，即 $2A=5B$。又因为 avocado 和 apple 的总数是 21，则 $A+B=21$。解这个二元一次方程组，得到：$A=15$，$B=6$。则 apple 的个数是 6。

2）proportion 比例

A is directly proportional to B

中文释义：A 与 B 成正比

表达式关系：$A=kB\ (k \neq 0)$

A is inversely proportional to B

中文释义：A 与 B 成反比

表达式关系：$AB=k\ (k \neq 0)$

在题目中，应当先定位"directly proportional to"或"inversely proportional to"。再定位比例表达短语前后的数量描述，即参与比较的两个数量。再根据比例表达的含义写出表达式。然后看题目条件，求出比例 k 的值。

难点 17：A researcher has found that the number of work hours needed to type in s words is directly proportional to the square root of s. If 2 work hours are needed to type in 2000 words, how many hours are needed to type in 4000 words?

ⓐ $2\sqrt{2}$ ⓑ 4   ⓒ $\dfrac{\sqrt{2}}{2000}$ ⓓ 12   ⓔ $2\sqrt{2000}$

答案：A

解析：第一句话中有比例表达" directly proportional to"。定位成比例的两个数量为 the number of work hours needed to type in s words （输入 s 个单词所需要的工作时间）和 the square root of s （$\sqrt{s}$）。设工作时间为 t，比例为 k，则转化为表达式 $t=k\sqrt{s}$。因为输入 2000 个单词需要 2 小时，所以 $2=k\sqrt{2000}$，解得 $k=\dfrac{2}{\sqrt{2000}}$。则输入 4000 个单词需要的时间 $t=k\sqrt{s}=\dfrac{2}{\sqrt{2000}} \times \sqrt{4000}=2\sqrt{2}$。选择 A 选项。

【注意】在读题时，考生会将题目理解成"s 与 $\sqrt{s}$ 成正比"，但 s 与 $\sqrt{s}$ 不可能是正比例关系，这就是对比例表达中的数量描述定位不清导致的。这里有两种方式可以避免这种错误：

① 在"the number of work hours needed to type in s words"中，"type in s words"的前面有"needed to"，这是一个修饰成分，表明主语的中心词还在前面，即可注意到主语描述的中心是"工作时间"。

② "the number of"表示"……的个数"，往往作为一个数量描述的开始，有助于定位描述数量的成分。

（3）百分比

1）两个数量 A 和 B 的比较

① A is what percent of B? / What percent of B is A?

中文释义：A 是 B 的百分之几?

表达式：$A/B \times 100\%$

② A is x percent greater than B. / A is x percent less than B.

中文释义：A 比 B 多百分之 x。/ A 比 B 少百分之 x。

表达式：$A = (1 + x\%)B$ / $A = (1 - x\%)B$

延伸：A is what percent greater than B?

中文释义：A 比 B 多百分之几?

表达式：$x\% = A/B - 1 = (A - B)/B$

2）一个数量从时间 C 到时间 D 的增长率

x percent is increased/decreased from C to D.

中文释义：从 C 到 D 增长 / 减少了 $x\%$。

等价于：时间 D 的量比时间 C 的量多 / 少 $x\%$。

表达式：$x\% = |D - C|/C$

难点 18：At Megalomania Industries, factory workers were paid $20 per hour in 1990 and $10 per hour in 2000. The CEO of Megalomania Industries was paid $5 million per year in 1990 and $50 million per year in 2000. The percent increase in the pay of Megalomania's CEO from 1990 to 2000 was what percent greater than the percent decrease in the hourly pay of Megalomania's factory workers over the same period?

ⓐ 850%　　　ⓑ 900%　　　ⓒ 950%　　　ⓓ 1700%　　　ⓔ 1900%

答案：D

解析：本题信息量大，问题描述复杂，因此要对信息进行有效的整理，建议在草稿纸上列出必要的信息。

1990 年和 2000 年，工人和 CEO 的工资信息：

	1990 年	2000 年
工人	$20/h	$10/h
CEO	$5 million/y	$50 million/y

第三句话是题目的问题：(The percent increase in the pay of Megalomania's CEO from 1990 to 2000) was what percent greater than (the percent decrease in the hourly pay of Megalomania's factory workers over the same period)? 提取句子的主干是 A was what percent greater than B，对应表达式 $(A-B)/B$。这里的 A 是 " the percent increase in the pay of Megalomania's CEO from 1990 to 2000"，即 CEO 从 1990 年到 2000 年工资增长的百分比，对应表达式 $A = |5-50|/5 \times 100\% = 900\%$。这里的 B 是 " the percent decrease in the hourly pay of Megalomania's factory workers over the same period"，即工人在同一段时间（从 1990 年到 2000 年）工资下降的百分比，对应表达式 $B = |20-10|/20 \times 100\% = 50\%$。将 A 和 B 代入 $|A-B|/B \times 100\% = |900\%-50\%|/(50\%) \times 100\% = 1700\%$，选择 D 选项。

【注意】（1）" the percent increase/decrease " 属于一个数量自身增长或下降的百分比，用变化前后的差值 ÷ 变化前的数量。

（2）很多考生错选 A 选项，因为在问题中参与比较的两个数量都是百分比，于是认为 " what percent greater than " 指的是两个百分比的差值，即 900%–50% = 850%。而 " what percent greater than " 对应的表达式关系一定是 $(A-B)/B \times 100\%$，并不因为其中 A 和 B 数量的性质而发生改变。若要问差值，会使用这样的表达 " What is the difference between A and B?"。这就强调了在应用题中先定位句子中的表达式关系的重要性。

2.1.3 利息的概念与公式

在利息的计算中，会用到如下的符号：

P	principal	本金
i	annual interest rate	（名义）年利率
n	compounded n times per year	每年复利的次数
t	time period	总计息时间（年）
V	value of investment	投资的终值，即到期时的本息和

单利 (simple interest)：只有最初的本金会参与利息计算。在相同的时间长度内，所得到的利息数额相同。将数量为 P 的本金投入年利率为 i 的投资中，按单利计算，则每一年得到利息为本金 × 利率 $= Pi$，第 t 年末这个投资的终值（本息和）为

$$V = P + Pi \times t = P(1+it)$$

复利 (compound interest)：每隔一段时间，得到的利息会加入本金，参与新的利息计算。将数量为 P 的本金投入年利率为 i 的投资中，按复利计算：

（1）若每年复利一次：

第一年末的本息和为 $P + Pi = P(1+i)$，作为第二年的本金；

第二年末的本息和为 $P(1+i) + P(1+i)i = P(1+i)(1+i) = P(1+i)^2$，作为第三年的本金；

……

第 t 年末的终值为 $V = P(1+i)(1+i)...(1+i) = P(1+i)^t$。

（2）若每年复利 n 次：

每个计息期内的利率为： $\dfrac{i}{n}$

第一个计息期末的本息和为 $P + P\dfrac{i}{n} = P\left(1+\dfrac{i}{n}\right)$，作第二个计息期的本金；

第二个计息期末的本息和为 $P\left(1+\dfrac{i}{n}\right) + P\left(1+\dfrac{i}{n}\right)\dfrac{i}{n} = P\left(1+\dfrac{i}{n}\right)\left(1+\dfrac{i}{n}\right) = P\left(1+\dfrac{i}{n}\right)^2$，作第三个计息期的本金；

......

第 t 年末共复利 $n \times t$ 次，则终值为 $V = P\left(1+\dfrac{i}{n}\right)^{nt}$。

在题目中，compounded annually 表示按年复利，即一年复利 1 次；compounded quarterly 表示按季复利，即一年复利 4 次；compounded monthly 表示按月复利，即一年复利 12 次；compounded daily 表示按日复利，即一年复利 365 次。

解利息相关的问题，先判断单利或复利模式，再将题目中各个数量的信息代入公式，求得未知的数量。

难点 19： If A is the initial amount put into an account, R is the annual percentage of interest written as a decimal, and the interest compounds annually, then what would be the expression, in terms of A and R, for the interest accrued in three years?

答案： $A(1+R)^3 - A$

解析： 题目问的是：如果 A 是放入账户中的本金，R 是写成小数形式的年利率，利息每年复利一次，则 3 年累积的利息用 A 和 R 来表示的表达式是什么？在复利模式下计算一段时间内积累的利息，需用到期后的终值减去本金。3 年后的本息和为 $A(1+R)^3$，本金为 A，3 年累积的利息为 $A(1+R)^3 - A$。

难点 20： If an amount P is to be invested at an annual interest rate of 3.5 percent, compounded quarterly, what should be the value of P so that the value of the investment is $1,000 at the end of 3 years? Give your answer to the nearest dollar.

答案： 901

解析： 将以上信息代入复利公式，可以得到方程：

$$P\left(1+\dfrac{0.035}{4}\right)^{4 \times 3} = 1000$$

解得

$$P = 1000 \Big/ \left(1+\dfrac{0.035}{4}\right)^{4 \times 3} \approx 901$$

难点 21：If \$5,000,000 is the initial amount placed in an account that collects 7% annual interest, which of the following compounding rates would produce the largest total amount after two years?

Ⓐ compounding annually

Ⓑ compounding quarterly

Ⓒ compounding monthly

Ⓓ compounding daily

Ⓔ All four of these would produce the same total.

答案：D

解析：根据复利公式 $V = P\left(1 + \dfrac{i}{n}\right)^{nt}$，公式中的 P、i、t 均为定值，考虑终值 V 随复利次数 n 如何变化。由于底数和指数都出现了 n，考查其变化需要更高等的数学知识。所以此处仅需记住结论：当其他条件不变时，复利次数 n 越多，到期时的终值 V（本息和）越大。因此按日复利时，到期终值最大，选择 D 选项。

【拓展】分别计算选项中终值的大小，将复利次数 n 的值代入复利公式 $= P\left(1 + \dfrac{i}{n}\right)^{nt}$，得到：

复利方式	复利次数	2 年后的终值
Compounding annually	$n = 1$	5,350,000.00
Compounding quarterly	$n = 4$	5,359,295.16
Compounding monthly	$n = 12$	5,361,450.40
Compounding daily	$n = 365$	5,362,504.92

也可以得出按日复利下的终值最大。但实际考试中计算复利次数较多的终值会比较复杂，记住复利次数与终值关系的结论会对迅速解出此类问题有所帮助。

2.2 图表题

每次 GRE 考试出现的第一个数学部分的第 6~8 题是图表题，这三道题目都是围绕一套图表展开的。因此解决图表题时，合理策略十分重要。

策略 1：先读图，后做题。

由于一个图表后会有三道题，若没有把握图表大致的信息就开始做题，会导致花大量时间重复寻找信息。因此，有必要在开始做题前先大致读图表。读图表时应遵循以下顺序：

（1）图表的标题：标题中往往已经概括了图表所描述的信息，描述的是哪几个变量的关系。

（2）坐标轴的含义及单位。

（3）图例，即不同线段、扇形、条形所代表的类别。

（4）图的注释。

大致了解各个信息所在的位置之后，可以根据题目中所求的信息定位图中的数据。

难点 22：Question (1) and (2) are based on the following data.

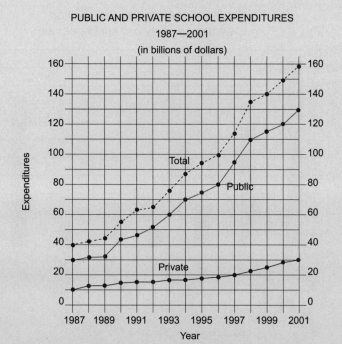

PUBLIC AND PRIVATE SCHOOL EXPENDITURES
1987—2001
(in billions of dollars)

(1) For which year did total expenditures increase the most from the year before?

(2) For 2001, private school expenditures were approximately what percent of total expenditures?

答案： (1) 1998　　　(2) 18.75%

解析： 读图，先大致把握图表的信息：

图表标题：1987 年 ~2001 年公立学校和私立学校的支出（单位为 10 亿美元）

横坐标：年份

纵坐标：支出金额

图例：三条线分别表示总支出、公立学校支出、私立学校支出

注释：图中没有注释

（1）题目问的是：哪一年的总支出比前一年增长得最多？无须逐个计算两年支出的差值，只需观察折线的斜率，斜率大（折线陡峭）的即为两年的差值大。观察可知 1997 年 ~1998 年之间的线段最陡峭，题目问的是哪一年比前一年增长最多，所以答案为 1998 年。

（2）题目问的是：在 2001 年，私立学校支出大约占总支出的百分之多少？根据 2001 年定位到图的最后一列，又再根据问题得出私立学校支出为 30（10 亿美元），总支出为 160（10 亿美元），所以私立学校占总支出的百分比为 30/160 × 100% = 18.75%。

策略 2：若图表中有比例，注意是否给出了总量信息。

考试中往往会有表示"percent"的图表，如用条形图、饼状图来比较比例关系，此时需留意题目中是否给出总量信息。

问题里有可能会问某部分的比例，也会问某一部分的具体数量，问及数量时要用比例乘总量。

难点 23: Question (1) and (2) are based on the following data.

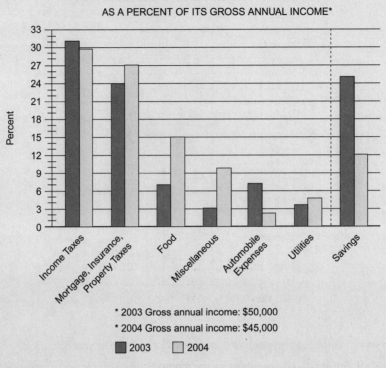

A FAMILY'S EXPENDITURES AND SAVINGS AS A PERCENT OF ITS GROSS ANNUAL INCOME*

* 2003 Gross annual income: $50,000
* 2004 Gross annual income: $45,000
■ 2003 □ 2004

(1) In 2003 the family used a total of 49 percent of its gross annual income for two of the categories listed. What was the total amount of the family's income used for those same categories in 2004?

(2) Of the seven categories listed, which category of expenditure had the greatest percent increase from 2003 to 2004?

答案: (1) $17,550   (2) Miscellaneous

解析: 读图,先大致把握图片的信息:

图标题:一个家庭的支出和储蓄占总年收入的百分比

纵坐标:占年收入的百分比

横坐标:支出和储蓄的类别

图例:2003 年和 2004 年的信息

注释:2003 年和 2004 年年收入数量

(1) 题目问的是:在 2003 年,这个家庭在列出的两个类别中用了总收入 49%。那么在 2004 年这个家庭在同样的两个类别中用了总收入的多少钱?先定位深色条形的 2003 年,看哪两个类别相加的结果是 49%,可以得到 Mortgage(24%)+Savings(25%) = 49%;在 2004 年,在这两类中所用的总收入的比例为 27%+12% = 39%。所以,在 2004 年,这两类花费的金额为 39%×45,000 = 17,550 美元。

【注意】 题目中所问的是数量而不是比例,要注意找到题目中的总量信息与对应比例相乘。

(2) 题目问的是:在列出的七个类别中,哪个支出类别从 2003 年到 2004 年增长的百分比最多? 一个数量增长的百分比,也就是在这段时间内数量变化的差除以变化前的数量得到的百分比。但在这个图表题中无须具体计算每个类别增长的百分比，只需将深色与浅色条形的高度差与深色条形的高度的大致比较即可。可以看出 Miscellaneous 的高度差是深色条形高度的两倍多，是所有增长比例最多的，因此选择 Miscellaneous。

【注意】"percent increase"指的是增长率，并不是两个比例差值的本身。

攻克 GRE 数学是一条曲折困难的道路，但跟着微臣走，好好听老师的话，这条道路会变得通畅无阻。微臣老师会用最典型的题让你看透考试本质，让一切题目都变得清晰明了，让你在备考 GRE 的路上信心满满，临危不乱。选微臣，你就赢了一大半！

——张洋 天津大学 微臣线上 GRE ONE PASS Pro 课程学生 GRE 数学 170

第三节 运用技巧解决的问题

1. 集合问题的复杂形式与其他解法 >>

GRE 数学考试中遇到的集合问题常常通过画韦恩图找到对应的交集或并集进行求解。除第一章介绍的基础问题外，考生还可能会遇到更为复杂的韦恩图，面对这样的题目，可以通过计算出每一个最小单位内元素的数量或所占百分比，相加得到整体并集中元素的数量或所占百分比：

难点 24：A survey shows 34% of the respondents like soccer, 30% like tennis and 38% like baseball. 8% like both soccer and tennis, 10% like both tennis and baseball, and 5% like both soccer and baseball. If 3% respondents like all of them, then how many of respondents like none of them?

(A) 15%　　　(B) 17%　　　(C) 18%　　　(D) 21%　　　(E) 82%

答案： C

解析： 集合问题最常用的解题思想是画韦恩图求解。这道题目本质上是求喜欢三种球类中至少一种的人数百分比，即喜欢三种球类并集内的人数百分比。最后用 1 减去口述结果即可得答案。求喜欢三种球类并集内的人数百分比可以画出如下的韦恩图：

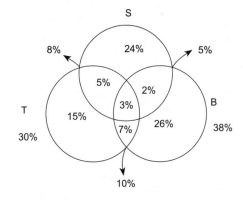

在画出图后，标清楚每一个最小单位的所占比例。例如上图中，中间的三者交集小圈为 3%，T 与 S 交集不包括中间小圈的部分为 5%，B 与 S 交集不包括中间小圈的部分为 2%，T 与 B 交集不包括中间小圈的部分为 7%。S 中未与其他任何运动相交的部分为 34% − 5% − 3% − 2% = 24%，T 中未与其他任何运动相交的部分为 30% − 7% − 5% − 3% = 15%，B 中未与其他任何运动相交的部分为 38% − 7% − 2% − 3% = 26%。将每一个最小单位百分比相加即可得到喜欢三个球类的并集所占的百分比：24% + 15% + 26% + 5% + 3% + 2% + 7% = 82%，1 − 82% = 18%，故答案选 C。

【总结】 集合问题中，核心问题就是会画图（表），看清楚题目的问题进行转化：韦恩图中的并集中元素的数量，本质上是韦恩图里的每一个最小单位的元素数量都<u>正好相加 1 次</u>的总和。

【拓展】三个集合的交并集关系可以表示为 |A∪B∪C| = |A|+|B|+|C|−|A∩B|−|A∩C|−|B∩C|+|A∩B∩C|。然而，考场上仍然推荐考生使用上面方法找出每一个最小单位的数值并求和，因为记忆公式并不是最可靠的得分方法。

除上述通过画韦恩图求解的集合问题以外，还有一类集合问题需要通过列表进行解决，此类问题会出现"非 A 即 B"的情况，如性别中的非男即女。例如下面的难点题目，就无法通过画韦恩图来求解：

难点 25：A survey is conducted to investigate the social security status of the employees from Company X. From the survey, 70% of the employees have insurance, and 50% of the employees are female. Now given that 80% of the employees are either female or have insurance, what percent of the employees who do not have insurance are male?

Ⓐ 20　　　Ⓑ 25　　　Ⓒ 33　　　Ⓓ 67　　　Ⓔ 75

答案：D

解析：在一家公司中，有 70% 的员工有社会保险，有 50% 的员工是女性。已知有 80% 的员工是女性或是有社保，请问没有社保的员工中男性的占比约为多少呢？核心思路是画图和看清题目问题，但本题通过画韦恩图求解并不直观。当大家发现这道题是非 A 即 B 类型的集合题目时，就可以采用列表的方法来解决。

在草稿纸上列出下面的表格：

	有社保	无社保	总计
女性	40%	10%	50%
男性	30%	20%	50%
总计	70%	30%	100%

已知有社保的员工占 70%，就可以知道无社保的员工占 30%；已知女性占 50%，可以知道男性占 50%。80% 的员工或是女性或有社保或两者都有，就意味着有 20% 的员工为男性且没有社保，因为无社保的员工一共占 30%，故没有社保的员工中，男性的占比是 20%/30% = 67%，答案选择 D 选项。

【提示】当出现非 A 即 B 的集合问题时，往往可以通过列表格进行求解。

2. 排列组合常见做题技巧 >>

第一章针对排列组合的基础问题进行了讲解，但在实际应用与考试里，常常会出现一些基础问题的变形题目，即在排列组合中增加一定的限制条件。此时要求考生掌握更多的解题技巧。建议考生在做题的时候夯实基础知识点，遇到复杂问题拆解成若干个基础问题，分别进行求解。同时，在练习的时候就要有意识地训练同一道题的多种解法，即使考试时使用一种方法无法解出题目，也可以迅速切换解法，不至于束手无策。

2.1 部分相同，部分不同

前面的讲解中提到，区分排列和组合就看选出的元素做的事情是否相同。例如将 5 本书分给 5 个同学，若是 5 本不同的书，就按照排列公式，有 $A_5^5 =120$ 种情况；但如果是 5 本相同的书，就只剩下 $C_5^5 =1$

这一种情况了，即每个人拿到一本书。如果在选择元素时部分做的事情相同，部分不同，则需要分步骤处理。

> **难点 26：** In how many different ways can 5 identical blue books, 3 identical yellow books, 1 black book and 1 pink book be distributed among 10 students such that each student receives a book?

答案： 5040

解析： 本题目中 5 本蓝色的书完全相同，3 本黄色的书也完全相同，剩下 2 本书不同。解决这种问题可以采用以下的步骤：

（1）先用组合数分配相同元素。从 10 人中选出 5 人拿蓝色的书，有 C_{10}^5 种可能；再从剩下的 5 人中选出 3 人拿蓝色的书，有 C_5^3 种可能。

（2）再用排列数分配不同元素。还剩下 2 人和 2 本不同的书，有 A_2^2 种分配方式。

（3）将以上步骤之间用乘法连接，即一共有 $C_{10}^5 C_5^3 A_2^2 = 5040$ 种可能。

【**注意**】 也可以先用排列数分配不同元素，即 $A_{10}^2 C_8^3 C_5^5 = 5040$，顺序无所谓，只要从几个选几个的过程不要落下元素即可。

【**总结**】 这种解法能够清晰地体现排列数和组合数的区别：分配相同元素，即选出的元素要做的事情相同，所以用组合数计算；分配不同元素，即选出的元素要做的事情不同，所以用排列数计算。

此类问题还可用如下方法：

（1）将所有元素当作不同元素进行全排列，有 A_{10}^{10} 种不同的可能。

（2）在（1）的基础上，将相同元素之间的顺序"除掉"，即 $A_{10}^{10} / A_5^5 A_3^3 = 5040$ 种可能。

【**总结**】 这种解法的本质还是把一个复杂问题分成了两步：

第一步：将所有元素当成不同的元素进行全排列。

第二步：计算相同元素之间因被视作不同元素而多加的顺序，并将顺序"除掉"。

2.2 要求元素相邻

在排列组合问题中还有一个常见的限制条件就是要求某些元素相邻。

> **难点 27：** There are 5 dogs, 3 cats, 2 rabbits, and 1 deer in Farm Y. Now if they are arranged into one row and same species are grouped together, how many ways can the animals be arranged?

答案： 34,560

解析： 解决元素相邻问题的可以按照以下步骤进行（本方法也称捆绑法）：

（1）将要求相邻的元素视为一个整体进行排列。本题中 5 只狗为一组，3 只猫为一组，2 只兔子为一组，加上 1 只鹿，就相当于有一共有四个整体。

（2）不同整体之间进行全排列。本题中狗、猫、兔、鹿四个整体进行排列，有 $A_4^4 = 24$ 种排法。

（3）各个整体内部进行全排列。本题中 5 只狗进行全排列，有 $A_5^5 = 120$ 种排法；3 只猫进行全排列，有 $A_3^3 = 6$ 种排法；2 只兔子进行全排列，有 $A_2^2 = 2$ 种排法；1 只鹿全排列，有 $A_1^1 = 1$ 种排法。

（4）利用乘法原理，把（2）和（3）计算的所有种类用乘号连接。本题为 $A_4^4 \times A_5^5 \times A_3^3 \times A_3^3 \times A_1^1 = 24 \times 120 \times 6 \times 2 \times 1 = 34,560$ 种排法。

除了元素相邻，还可能出现要求元素不相邻的题目，这一类题目可以用相同的思路处理。

难点 28： Ming and Gang are both so talkative such that they will affect other classmates if they seat together. Now there are 5 people in this class including Ming and Gang seating in a row. How many ways are there for the seat arrangement if Ming and Gang do not seat together?

(A) 24　　　　(B) 48　　　　(C) 56　　　　(D) 72　　　　(E) 96

答案：D

解析：5 个人排座位，没有其他限制条件，则只包括小明 (Ming) 和小刚 (Gang) "相邻" 和 "不相邻" 这两种情况。这道题目要求小明和小刚 "不相邻"，可以先计算小明和小刚相邻的情况数量，再用 5 个人的全排列数减去相邻的情况数量，得到他们不相邻的情况数量。5 个人全排列：$A_5^5 = 120$ 种不同的排列方式；小明和小刚相邻：$A_4^4 \times A_2^2 = 48$ 种不同的排列方式；故小明和小刚不相邻的情况有 $120 - 48 = 72$ 种，选 D。

【总结】 上述若干元素相邻（或不相邻）问题的解法本质上就是把问题分成了两部分，然后分别求解。

第一部分：计算要求相邻的元素之间排列的可能结果数。

第二部分：把要求相邻的元素看成一个整体，并计算出该整体与其他元素排列的可能结果数。

根据乘法原理，把两部分的结果相乘即为最终答案。

2.3 "至少" 问题

在排列组合中有一类限定条件是 "至少有几个"（at least），见到 "at least" 这个关键词，可以采取 "对立" 或 "分类" 两种策略。

难点 29： There are 10 packages of candy on a shelf, 4 that are filled with blue candies and 6 that are filled with red candies. If 3 packages are to be chosen at random from the shelf without replacement, what is the probability that at least one of the 3 packages will be filled with blue candies?

(A) $\dfrac{11}{12}$　　　　(B) $\dfrac{5}{6}$　　　　(C) $\dfrac{3}{4}$　　　　(D) $\dfrac{2}{3}$　　　　(E) $\dfrac{7}{12}$

答案：B

解析：本题计算概率，先分清对分子和分母的不同描述。分母即总数，是 10 包糖中不放回地任取 3 包，即 $C_{10}^3 = 120$；分子即事件，是至少有一包糖是蓝色的，此时会发现若分类讨论到底有几包糖是蓝色，可能会分很多类，不如我们思考与之对立的情况，然后用总数减去对立的情况就是所求。"至少有一个是蓝色" 的对立就是 "一个蓝色都没有"，也就是 "3 包都是红色"，所以是 $C_6^3 = 20$。那么 "至少有一个蓝色" 有 $120 - 20 = 100$ 种情况。所以最终所求概率为 $100/120 = 5/6$。选择 B 选项。

【总结】 以上采取的策略称之为 "对立"，也就是当我们从正面思考 "至少有几个" 时会有各种复杂的情况，此时可以从反面去想，先计算与之对立的情况的个数，再用总数做减法。

难点 30： Four different persons will be selected from 2 men and 5 women to serve on a committee. If at least 1 man and 1 woman must be among those selected, how many different selections of the 4 persons are possible?

(A) 7　　　　(B) 10　　　　(C) 16　　　　(D) 30　　　　(E) 35

答案：D

解析：本题要求从 2 男 5 女中选出 4 人组成委员会，要求至少有 1 男 1 女。此时有考生会采取这样的错误做法：先选出来 1 男 1 女，然后剩下的 5 人里直接再选 2 个人，也就是 $C_2^1 C_5^1 C_5^2 = 100$。这样看上去好像没错，但其实有大量的重复，比如以下两种情况：

（1）一开始选出来的人是男 A 和女 B，然后从余下 5 人中选男 C 和女 D；

（2）一开始选出来的人是男 C 和女 D，然后从余下 5 人中选出男 A 和女 B。

本质上来说，都是选出了 ABCD 四个人，是同一种情况，但是却算成了两种。

这也提醒大家遇到此类问题千万不要先"填坑"，还是应该采取"对立"或"分类"的策略。

此处若用"对立"做也可以，但可能有的考生会想不清"至少 1 男 1 女"的对立究竟应该是哪一个。（此时的对立应是"全是男或全是女"。）在不能一眼看出对立情况是什么时，或者用对立也需要做大量分类讨论时，不妨采取直接"分类"的方法。

"至少 1 男 1 女"的情况可以分为：

（1）1 男 3 女：$C_2^1 C_5^3 = 20$。

（2）2 男 2 女：$C_2^2 C_5^2 = 10$。

因此一共有 $20 + 10 = 30$ 种情况，选择 D 选项。

【**总结**】在处理题目中有"至少（at least）"的问题时，应用"对立"或"分类"方法，哪种方便用哪个：

（1）考虑其对立情况，用总数 − 对立 = 所求。

（2）考虑把要求的情况做分类，依次计算后相加。

2.4 抽屉原理（最差原则）

抽屉原理是一类特殊的计数问题，其常见的题干为" What is the minimum number of x that... in order to ensure that... at least..."，中文是"最少选出多少个 x 才能保证至少满足……条件"。抽屉原理这个名字与定理本身来源的典故有关，为了方便理解，不妨称其为"最差原则"，或者更通俗一点叫"游戏抽卡原理"。通过下面的难点题目来解释此类问题。

难点 31：Ben has 30 pencils in a box. Each of the pencils is one of 5 different colors, and there are 6 pencils of each color. If Ben selects pencils one at a time from the box without being able to see the pencils, what is the minimum number of pencils that he must select in order to ensure that he selects at least 2 pencils of each color?

(A) 24 (B) 25 (C) 26 (D) 27 (E) 28

答案：C

解析：本（Ben）有 5 种不同颜色的铅笔，每种有 6 支，每次随意拿出 1 支，问最少拿出多少支，才能保证拿出每种颜色至少 2 支？

首先，有一种错误的理解方式是直接把每个颜色都拿出来 2 支，于是 $5 \times 2 = 10$ 支。但注意题目中问的是"保证每种颜色有 2 支"，如果只拿 10 支，并不知道能不能那么巧拿的就是 5 种颜色各 2 支。此时考生可以把自己想象成玩游戏时抽卡片的玩家，运气总是不好，每次想抽出来的东西总是抽不到。系统要求抽出每种颜色各 2 支就能成功，假如先抽出了 2 支蓝色，心想着蓝色够了可以不用再抽到蓝色了，但此时却接连把盒里的蓝色全抽出来了，继而又把盒里 5 种颜色里的 4 种都抽出来了，此时已经拿出了 $4 \times 6 = 24$ 支，而坏运气在这时已经走到了尽头，因为接下来不论拿哪 2 支，一定可以凑足 5 种颜色。所以一共是 $24 + 2 = 26$ 支。答案为 C 选项。

【思考】若题目改为：问最少拿出多少支就能保证至少有一种颜色有 4 支笔？应该怎么做？

解析：最差的情况就是，抽了半天把每种颜色都抽出 3 支笔，然后此时不论再抽哪一支都能把其中一个颜色凑够 4 支。因此答案为 $3 \times 5 + 1 = 16$。

【总结】所谓"抽屉原理"的题目就是计数时绕着目标走，把能算上的全算上，即可得到"保证"成立的答案。

2.5 握手问题

典型的"握手问题"，即给定总人数和每个人的握手次数，求所有人的总握手次数。

难点 32： There are 10 students in a classroom. If each student shakes hands with exactly 3 other students, what is the total number of handshakes?

答案：15

解析：对于"握手问题"，可以从"握手的人"和"握手的行为"两个角度解题。

（1）方法一：从"握手的人"的角度看，每个同学都要跟其他 3 个不同的同学握手，即每个同学要握手 3 次。因为一共 10 个同学，所以一共需要握手 $3 \times 10 = 30$ 次；但每次握手时，都有 2 个同学参与，即 A 与 B 握手的同时 B 也与 A 握了一次手，因此每一次"真正握手"都被计算了 2 次，实际握手数量应为 $30 \div 2 = 15$ 次。

（2）方法二：从"握手的行为"的角度看，可以设想把 10 个同学组织起来同时握手。第一轮握手：将 10 个同学分成 5 组，每组的 2 个同学握手，共握手 5 次。第二轮握手：重新进行的分组，要求每个组的同学都不与上述 5 组的任意一组相同，每组的 2 个同学握手，共握手 5 次。第三轮握手：再重新进行的分组，要求每个组的同学都不与上述 10 组的任意一组相同，每组的 2 个同学握手，共握手 5 次。此时，所有的同学都恰好握手 3 次，共握手 $5 + 5 + 5 = 15$ 次。

难点 33： The tennis club is about to hold a tennis tourment among its members. There are 8 people signed up. If each player is going to play once against all the other players, how many matches there will be in this tourment?

答案：28

解析：这道题本质上也是"握手问题"，可以利用上述方法求解。例如，从"参加比赛的人"的角度上看，每个选手都要和其他 7 个选手比赛 1 次，需比 7 次；一共有 8 位选手，因此共比 $8 \times 7 = 56$ 次。上述方法导致 A 与 B 的比赛和 B 与 A 的比赛被重复计算，因此应将上述结果除以 2，即共需要举办 $56 \div 2 = 28$ 场。

【总结】遇到"握手问题"这种统计元素之间组合数量的题目，可以从两个角度解决问题，即"握手的人"和"握手的行为"两个角度，但在计算时一定要考虑重复计算的情况，切忌两种方法混合使用。

综合上述几类问题我们可以看出，所谓附条件的排列组合问题，其实就是将一个排列组合问题拆分为几个基本排列组合问题进行计算。将上述思想一般化，在 GRE 考试中遇到条件复杂的题目，考生需要做的就是"抽丝剥茧"，把一个复杂的问题拆解成若干个基础的问题，逐个击破，这样就能得出正确的答案；切忌只用眼睛看题，而不动手做题，答案是不会自己出现的。

3. 几何题目常见做题技巧 >>

几何类题目近年来的一大特点就是图形非常复杂。当考生面对这些复杂的问题时，部分技巧可以帮助大家寻找到合适的切入点。当然，GRE 数学题目难度不会特别大，不像高中的几何题目需要画大量的辅助线。接下来，通过一些例题来了解 GRE 数学可能用到的一些技巧。

首先，此类技巧一般都源于较为简单的知识点，比如下面这道难点题目。

难点 34：In the figure below, given that the area of the triangle *ACE* is 4 and the area of the triangle *CDE* is 3, what is the area of the triangle *BDE* and the triangle *ABE*?

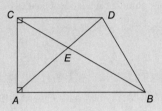

答案：4，$\dfrac{16}{3}$

解析：首先观察这道题目，四边形 *ABDC* 整体是一个直角梯形，一般遇到直角梯形，往往利用的是平行边产生的相似三角形。可是仔细分析题目发现，关于对应边的信息并不明显，所以需要利用其他技巧解答这道题目。

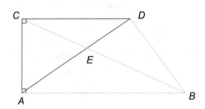

首先，用不同颜色标注出两个三角形，△ *ACD* 和△ *BCD*。这时会发现这两组三角形共同的特点就是，在以 *CD* 为底的情况下，它们的高也相等。由此可以推断出△ *ACD* 和△ *BCD* 面积相等。又因为△ *CDE* 是共有的三角形，所以△ *ACE* 和△ *BDE* 的面积相等。因此△ *BDE* 的面积是 4。

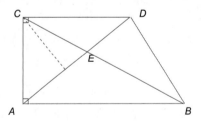

接下来，再次观察△ *ACE* 和△ *CDE*。从 *C* 点向三角形做高的话，这两个三角形等高但不同底。所以两个三角形面积之比等于底边之比，也就是 *AE*:*DE* = 4 : 3；同样，△ *ABE* 和△ *BDE* 也是一对等高不同底的三角形。所以△ *ABE* 和△ *BDE* 的面积之比为 4 : 3，结合△ *BDE* 的面积为 4，△ *ABE* 的面积为 $\dfrac{16}{3}$。

【注意】此题考查的是三角形面积公式 $S = \frac{1}{2}ah$，但实际用到的技巧是怎样更灵活地选取高和底，方便运算。这道题目就生动地体现了几何类题目的灵活性。

难点 35： In the circle below, *PQ* is parallel to diameter *OR*. *OR* has length 18. What is the length of minor arc *PQ*?

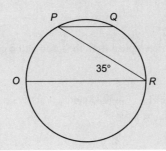

答案： 2π

解析： 求与弧相关的数量，如弧长、扇形面积等，需先求出弧所对的圆心角的大小。求角度时，可利用目前已知的角度，通过平行、垂直等条件推出目标所求的角度。圆周角 $\angle R = 35°$，所以所对的弧 *OP* 的角度是 $35° \times 2 = 70°$。又因为 *PQ* 平行于 *OR*，所以 $\angle P = \angle R = 35°$（内错角），圆周角 $\angle P$ 所对的弧 *QR* 的度数是 $70°$。因为 *OR* 是直径，所以，弧 *OR*（上半部分）的角度是 $180°$。所以，弧 *PQ* 的角度是弧 *OR* - 弧 *OP* - 弧 *QR* = $180° - 70° - 70° = 40°$。同时已知 *OR* 直径长为 18，则半径长为 9。代入弧长公式，得弧 *PQ* 的弧长 $l = \frac{40 \times \pi \times 9}{180} = 2\pi$。

【注意】（1）题干中给出了 *OR* 是直径的条件，即可判断其圆心角是 $180°$，但如果题干中没有给出，则不能单纯通过看图来默认 *OR* 是直径。

（2）在求弧所对的圆心角的度数时，无需将圆心与端点相连作出圆心角，只需根据圆周角和圆心角以及弧的角度的对应关系，在弧上标注对应的角度即可。做 GRE 几何题目，尽量少作辅助线。因为面对机考，不可能在电脑屏幕上画出辅助线，只能在草稿纸上草草勾勒出大致图形，作辅助线必然会导致图形更加混乱，这种做法也不符合 GRE 考试出题的初衷。

4. 算术、代数常见做题技巧 >>

4.1 用数轴解决绝对值问题

在初、高中，遇到绝对值多用分类讨论的方式解决。但在 GRE 数学考试中，更多考查绝对值的几何含义，即 $|x|$ 是数轴上 x 到 0 的距离，$|a-b|$ 是数轴上 a 到 b 的距离。

难点 36：

$$\begin{cases} 1 \leq |x| \leq 2 \\ 4 \leq |y| \leq 5 \\ 6 \leq |z| \leq 7 \end{cases}$$

Quantity A	Quantity B
The range of possible values of $|z-x|$	The range of possible values of $|z-y|$

A   Quantity A is greater.

Ⓑ Quantity B is greater.

Ⓒ The two quantities are equal.

Ⓓ The relationship cannot be determined from the information given.

答案： B

解析： 首先将 x、y、z 的数据表示在数轴上。再看 Quantity A 的 $|z-x|$ 就是 z 到 x 的距离，分别找出距离最大和最小值并作差即可，Quantity B 同理。

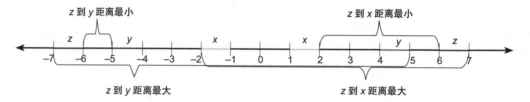

$|z-x|$：最大为 $7-(-2)=9$，最小为 $6-2=4$，极差为 $9-4=5$。

$|z-y|$：最大为 $5-(-7)=12$，最小为 $6-5=1$，极差为 $12-1=11$。

所以答案选 B。

4.2 多个整数加减 / 乘除的奇偶性规律

在题目中，有可能会要求判断多个整数运算的奇偶性结果，如下的结论可帮助迅速做出判断：

（1）加减法

加减偶数不会改变和的奇偶性，而加减奇数会改变和的奇偶性，因此最后结果的奇偶性只取决于加数中奇数的个数。

设 $m_1, m_2, \cdots, m_n$ 是整数：

若 $m_1 + m_2 + \cdots + m_n =$ 偶数，则 $m_1, m_2, \cdots, m_n$ 中有偶数个奇数。

若 $m_1 + m_2 + \cdots + m_n =$ 奇数，则 $m_1, m_2, \cdots, m_n$ 中有奇数个奇数。

（2）乘法

做乘积的奇偶性只取决于乘数中是否有偶数。

设 $m_1, m_2, \cdots, m_n$ 是整数：

若 $m_1 \times m_2 \times \cdots \times m_n =$ 偶数，则 $m_1, m_2, \cdots, m_n$ 中至少有 1 个偶数。

若 $m_1 \times m_2 \times \cdots \times m_n =$ 奇数，则 $m_1, m_2, \cdots, m_n$ 都是奇数。

难点 37: If $T = abcde - (a+b+c+d+e)$, where T is an even integer, a,b,c,d,e are positive integers, which of the following CANNOT be the number of even numbers in a,b,c,d,e?

Ⓐ Zero Ⓑ One Ⓒ Three Ⓓ Four Ⓔ Five

答案: D

解析: 把 $abcde$ 和 $a+b+c+d+e$ 分别看作一个正整数，则这两个数的差是偶数。则它们的奇偶性有如下 2 种情况：

（1）$abcde$ 和 $a+b+c+d+e$ 均为偶数。

　　若 $abcde$ 为偶数，则 a，b，c，d，e 中至少有 1 个偶数；若 $a+b+c+d+e$ 为偶数，则 a，b，c，d，e 中有偶数个奇数，也就是 0 个或 2 个或 4 个奇数，也就对应有 5 个或 3 个或 1 个偶数。

（2）$abcde$ 和 $a+b+c+d+e$ 均为奇数。

　　若 $abcde$ 为奇数，则 a，b，c，d，e 都是奇数，那么其中没有偶数。

综上，a，b，c，d，e 中偶数的个数可能有 0、1、3、5 个，则不可能有 4 个，答案为 D 选项。

4.3 正因数个数计算

计算某个整数的正因数个数，可以从 1 开始，数到这个整数本身，看哪个数可以整除该整数。但这种方法不适用于数字较大的情况。

可以用如下步骤计算整数 Z 的正因数的个数：

第一步：将 Z 做质因数分解，$Z = p_1^{a_1} \cdot p_2^{a_2} \cdots p_n^{a_n}$。（$p_1$，$p_2$，$\cdots$，$p_n$ 是不同的质数，a_1，a_2，$\cdots$，a_n 是正整数）

第二步：计算因数个数 n：$n = (a_1+1)(a_2+1)\cdots(a_n+1)$。

例如，求 60 的正因数个数。

第一步：做 60 的质因数分解，$60 = 2^2 \times 3 \times 5$。

第二步：提取每个质因数上的指数，分别 +1，再相乘，60 的正因数个数有 $(2+1)(1+1)(1+1) = 12$ 个。

难点 38: If $n = pqr$, where p, q, and r are three different prime numbers, how many different positive divisors does n have?

Ⓐ 3 Ⓑ 5 Ⓒ 6 Ⓓ 7 Ⓔ 8

答案: E

解析: p、q、r 是 3 个不同的质数，则 $n = pqr$ 就是对整数 n 做质因数分解，根据因数个数计算步骤，可知 n 有 $(1+1) \times (1+1) \times (1+1) = 8$ 个因数。答案为 E 选项。

难点 39: How many integers between 99 and 365 are there such that they have odd number of divisors?

Ⓐ 2 Ⓑ 4 Ⓒ 6 Ⓓ 8 Ⓔ 10

答案: E

解析: 首先我们要探究什么样的整数有奇数个因数 (have odd number of divisors)。根据因数个数公式 $n = (a_1+1)(a_2+1)\cdots(a_n+1) = $ 奇数，可知 (a_1+1)，(a_2+1)，$\cdots$，(a_n+1) 均为奇数，那么 a_1，a_2，$\cdots$，a_n 均为偶数。即将所求整数做质因数分解后，质因数的指数均为偶数，则该整数必为完全平方数，即另一个整数的平方。

接下来此问题变成：在 99 到 365 之间有多少个完全平方数？ 99 后面的完全平方数是 $100 = 10^2$ ；365 前面的完全平方数是 $361 = 19^2$ ；那么 10 到 19 之间一共有 10 个数，即 99 到 365 之间有 10 个完全平方数。答案为 E 选项。

【思考】将上面的题目更改为下面的条件后应该如何选择？

难点 40： How many integers between 99 and 365 are there such that they have 3 divisors?

答案：B

解析：据因数个数公式 $n = (a_1 + 1)(a_2 + 1) \cdots (a_n + 1) = 3$ ，可知 $a_1 = 2$ ，即将所求整数做质因数分解后，只有一个质因数，且该整数为此质因数的平方。于是本题变为：99 到 365 之间有多少整数是质数的平方？ 99 后面的完全平方数是 $100 = 10^2$ ；365 前面的完全平方数是 $361 = 19^2$ ；那么 10 到 19 之间有质数 11、13、17、19 这 4 个，即 99 到 365 之间有 4 个质数的平方。答案为 B 选项。

【总结】（1）在所有正整数中，只有完全平方数有奇数个因数；只有质数的平方有恰好 3 个因数。

（2）完全平方数做质因数分解后，所有质因数上的指数都是偶数。

4.4 公因数、公倍数常考规律

（1）若干个整数的所有公倍数都是它们的最小公倍数的倍数。

例如：4 和 6 的公倍数有 12、24、36、48 等，而 4 和 6 的最小公倍数为 12，可以发现它们的公倍数均为 12 的倍数。

（2）若干个整数的所有公因数都是它们的最大公因数的因数。

例如：40 和 60 的公因数有 20、10、5、4、2、1。40 和 60 的最大公因数为 20，可以发现它们的公因数是 20 的所有正因数。

根据上面的规律，在题目中提及任意公倍数或公因数时，可先求其最小公倍数和最大公因数。

难点 41： If one number is chosen at random from the first 1,000 positive integers, what is the probability that the number chosen is a multiple of both 12 and 8?

　　(A) 1/25　　　(B) 41/1000　　　(C) 3/250　　　(D) 9/16　　　(E) 2/125

答案：B

解析：从前 1000 个正整数中随机挑选 1 个数字，则一共有 1000 种可能的结果。现在需要计算 1 到 1000 中有几个 12 和 8 的公倍数，由于 12 和 8 的最小公倍数是 24，所以求 24 的倍数的个数即可。而 $1000 \div 24 = 41 \cdots \cdots 16$ ，共有 41 个 24 的倍数。因此概率为 41/1000，答案为 B 选项。

4.5 数位表述

有的题目也会用数位上的数字来描述一个数的大小。假设正整数 n 的百位数是 a ，十位数是 b ，个位数是 c ，那么 $n = 100a + 10b + c$ 。

难点 42： If the tens digit x and the units digit y of a positive integer n are reversed, the resulting integer is 9 more than n. What is y in terms of x?

    (A) $10 - x$ (B) $9 - x$ (C) $x + 9$ (D) $x - 1$ (E) $x + 1$

答案： E

解析： 正整数 n 的十位数是 x，个位数是 y，所以 $n = 10x + y$。若将 n 的个位和十位数字对调，所得的整数 (resulting integer) 为 $10y + x$。$10y + x$ 比 n 多 9，那么 $10y + x = 10x + y + 9$，$y = x + 1$，选择 E 选项。

【注意】 如果我们按位去设数字，那么这些未知数一定是 0 到 9 之间的整数，其中最高位不可为 0。如设百位数是 a，十位数是 b，个位数是 c，则必有 a、b、c 均为整数，且 $1 \leqslant a \leqslant 9$，$0 \leqslant b \leqslant 9$，$0 \leqslant c \leqslant 9$。这些限定条件极有可能是我们做题的突破口。

4.6 指数问题找规律

在题目中遇到乘方指数太大（超过 10 次方），或者指数为未知量时，我们通常把指数变为 1, 2, 3 等较小的整数，看所求数量随着指数的增大会有什么规律，即可推导较大指数的结果。

难点 43： $m = 10^{32} + 2$, when m is divided by 11, the remainder is r.

Quantity A	Quantity B
r	3

    (A) Quantity A is greater.

    (B) Quantity B is greater.

    (C) The two quantities are equal.

    (D) The relationship cannot be determined from the information given.

答案： C

解析： 本题需求出 $m \div 11$ 时的余数 r，但 m 的数量较大，无法直接计算。于是考虑降低乘方的指数，当 $n = 1, 2, 3, \cdots$ 时，$(10^n + 2) \div 11$ 的余数有什么规律。

$n = 1$ 时，$(10^1 + 2) \div 11 = 12 \div 11 = 1 \cdots\cdots 1$；

$n = 2$ 时，$(10^2 + 2) \div 11 = 102 \div 11 = 9 \cdots\cdots 3$；

$n = 3$ 时，$(10^3 + 2) \div 11 = 1002 \div 11 = 91 \cdots\cdots 1$；

$n = 4$ 时，$(10^4 + 2) \div 11 = 10002 \div 11 = 909 \cdots\cdots 3$；

$\cdots$

可以观察到 n 为奇数时，余数为 1；n 为偶数时，余数为 3。原指数 32 是偶数，则 $(10^{32} + 2) \div 11$ 的余数 $r = 3$，与 Quantity B 相等，答案为 C 选项。

【总结】 根据乘方的性质，若题目中所求为乘方的个位数，或除以某个整数的余数时，其所求结果往往会随着指数的增大而循环。

4.7 连续整数规律

"多个连续整数 (consecutive integers)"这一概念经常被拿来出题，因为连续整数是公差为 1 的等差数列，其运算会有一些特殊规律。

视频讲解

难点 44： Which of the following could be the sum of nine consecutive integers?

    Ⓐ 29   Ⓑ 46   Ⓒ 57   Ⓓ 99   Ⓔ 100

答案： D

解析： 设 9 个连续整数分别为 $n, n+1, n+2, \cdots, n+8$。根据等差数列求这 9 个数的和：$n+n+1+n+2+\cdots+$ $n+8 = \dfrac{(n+n+8)\times 9}{2} = 9(n+4)$，得出任意 9 个连续整数的和必然是 9 的倍数。选项中只有 99 是 9 的倍数，所以选择 D 选项。

【拓展】（1）涉及连续整数相加的问题，由于连续整数为等差数列，因此可用公式"（首项 + 末项）× 项数 ÷ 2"来计算总和。

    （2）n 个连续整数的和的规律：n 为奇数时，相加的和为 n 的倍数；n 为偶数时，和为 $\dfrac{n}{2}$ 的倍数。

难点 45： The product of two consecutive positive integers CANNOT be

    Ⓐ a prime number

    Ⓑ divisible by 17

    Ⓒ a multiple of 13

    Ⓓ an even number less than 10

    Ⓔ a number having 4 as its units digit

答案： E

解析： 此题可采用排除法。A 有反例：$1 \times 2 = 2$ 为质数；B 有反例：17×18 可以被 17 整除；C 有反例：13×14 是 13 的倍数；D 有反例：$2 \times 3 = 6 < 10$；因此选 E。

    再来看看 E 为什么不对：因为 $4 = 1 \times 4 = 2 \times 2$，若乘积个位数为 4，则需由个位数为 1 和个位数为 4 的两个数，或者个位数均为 2 的两个数相乘，不可能是两个连续整数的乘积。

难点 46： x is a positive integer, k is the remainder when $x^3 - x$ is divided by 3.

Quantity A	Quantity B
k	1

    Ⓐ Quantity A is greater.

    Ⓑ Quantity B is greater.

    Ⓒ The two quantities are equal.

    Ⓓ The relationship cannot be determined from the information given.

答案： B

解析： 通过代入 $x = 1, 2, 3 \cdots$ 这些正整数，会发现 $x^3 - x$ 除以 3 的余数为 0，于是可以选出 B 选项。下面来讨论其理论依据：$x^3 - x = x(x^2 - 1) = x(x+1)(x-1) = (x-1)x(x+1)$，相当于 3 个连续整数相乘。而在 3 个连续整数中，必然有一个整数是 3 的倍数，所以原式 $x^3 - x$ 也必然可以被 3 整除，即余数为 0。

【拓展】（1）n 个连续整数中必然有 1 个是 n 的倍数，也必有 $(n-1), (n-2), \cdots, 1$ 的倍数；

    （2）n 个连续整数的乘积也是 $n, (n-1), (n-2), \cdots, 1$ 的倍数。

4.8 方程的陷阱

难点 47： What is the sum of all possible solutions to the equation: $\sqrt{2x^2-5x-3}=x-1$?

    (A) −1   (D) 1   (C) 3   (D) 4   (E) 5

答案： D

解析： 要求所有方程解的和，首先要解出方程的所有解，然后再做加法。观察到等式左边为一个根式，所以想到平方后可以去掉根式，从而得到一个一元二次方程进行求解。

    $\sqrt{2x^2-5x-3}=x-1$，两边平方，得到 $2x^2-5x-3=(x-1)^2$，整理得 $x^2-3x-4=0$，解得 $x=4$ 或 $x=-1$。将得到的两个解代入到原方程中，发现 $x=-1$ 使得等式不成立，所以只有 $x=4$ 是原方程的解。则所有解的和就是 4，答案为 D 选项。

【注意】 当方程中有平方根时，务必将求得的所有解代入原方程进行验证。因为有可能某一个解使得根式下的部分小于零，或使得算术平方根的结果等于负数。除此之外，在方程中含有绝对值、分式时，也需要将求得的解代回原方程进行验证。

4.9 代数式比大小

难点 48：

	Quantity A	Quantity B
	x^2+4	$4x-1$

(A) Quantity A is greater.

(B) Quantity B is greater.

(C) The two quantities are equal.

(D) The relationship cannot be determined from the information given.

答案： A

解析： 比较两个代数式的大小，可以用"作差和 0 比"和"作商和 1 比"两种方法，即计算 A−B 的结果与 0 做比较，计算 A/B 的结果与 1 作比较。在选择作差或者作商时，应先观察代数式的特点。本题中的两个代数式以加减形式为主，选用作差法更利于比较。

    A−B = $(x^2+4)-(4x-1)=x^2-4x+5$，这是一个一元二次式，可以用两种方法判断其与 0 的大小关系：

（1）用二次函数 $y=x^2-4x+5=$ A−B 的图像与 x 轴的位置关系来判断。

    因为 x^2 的系数是 $1>0$，所以函数图像开口向上；又判别式 $\Delta=(-4)^2-4\times1\times5=-4<0$，所以函数图像与 x 轴没有交点。所以整个图像都在 x 轴上方，即 $y>0$，也就是原式 A−B > 0，A > B。答案为 A 选项。

（2）配方法。

    $x^2-4x+5=x^2-4x+4+1=(x-2)^2+1$，因为 $(x-2)^2\geqslant0$，所以 $(x-2)^2+1>0$。所以原式 A−B > 0，A > B。答案为 A 选项。

【总结】有些考生会把数量 A 和 B 分别看作两个函数，然后画出两个函数的图像来判断相对位置关系，但此时还须计算两个函数是否存在交点。所以代数式比较大小的问题，还是应该先把两个代数式通过"作差"或"作商"化成一个代数式后再进行比较更容易一些。此外，作商 (A/B) 与 1 是一种比较大小的方法，但务必注意 B 的正负性。

5. 通用做题技巧 >>

考试时，考生的首要目标是得到正确答案，因此存在很多"取巧"的方法，可以用最快的速度解答出一些看似繁琐的题目。

5.1 特殊值法

难点 49：If a and b are odd integers and $a > b$, which of the following equals to the number of even integers that are greater than b and less than a?

  Ⓐ $(a-b-2)/2$ Ⓑ $(a-b-1)/2$ Ⓒ $(a-b)/2$ Ⓓ $a-b$ Ⓔ $a-b-1$

答案：C

解析：在考场上，这道题目可以采用特殊值的方法，会比常规做法简便很多。题目中对 a 和 b 两个数的限制条件有两个，即二者均为奇数，且 $a > b$。因此不妨代入两个奇数进行考查，设 $a = 3$，$b = 1$，问题中所求的"大于 b、小于 a 的偶数个数"在将 a 和 b 赋值后，可知 1 和 3 中间仅有 2 一个偶数；把 $a = 3$，$b = 1$ 代入选项，发现有 C 和 E 两个选项都等于 1，此时应换两个差距较大的数重新进行赋值；把 $a = 5$，$b = 1$ 带入选项，此时 1 和 5 之间应该有 2 和 4 两个偶数；发现只有 C 选项等于 2，此时答案便可以确定选 C。

【总结】特殊值法特别适用于含有未知数的单选题，可以通过对未知数的赋值简化题目。

  此外，在特殊值法中，不要忘记使用最常见的数字"0"。

5.2 枚举法

对于一些取值范围固定，或条件过于复杂，难以用数学语言进行表示的算术题目，可以考虑把所有可能的值一一列出。

难点 50：If $0 \leqslant n \leqslant 100$, and $(n+7)/4$ is a multiple of 2 but not a multiple of 3 or 4, then which of the following could be true? Indicate all possible values.

  Ⓐ n is even.   Ⓑ n is odd.   Ⓒ n is prime.

  Ⓓ n is a multiple of 9. Ⓔ n is less than 20.

答案：BCDE

解析：这道题目要求选出可能正确的选项，故需要逐个检查选项。质数的条件难以用数学语言进行表示，同时 n 的范围限定难以直接应用于解题，因此考虑直接枚举出所有符合条件的数：

$\dfrac{n+7}{4}$	2	10	14	22	26
n	1	33	49	81	97

列举出来可能的 n 值，n 的值可以为 1，故 BE 正确；n 的值可以为 97，故 C 正确；n 的值可以为 81，故 D 正确；由于 n 的所有 5 个取值中均没有偶数，因此 A 错误。综上，答案为 BCDE 四个选项。

【补充】1~100 之间的质数共有 25 个，依次是 2、3、5、7、11、13、17、19、23、29、31、37、41、43、47、53、59、61、67、71、73、79、83、89、97。请考生在上考场前务必牢记这些质数。

6. 结合知识储备快速解题 >>

每一门考试都有自己的考纲，比如 GRE 数学考试，对于考生来讲，所考查的内容基本都是初中或者高一、高二的知识。ETS 从来没有对考试时用到的解题方法进行限制，特别是考虑到 GRE 数学只有选择和填空题，没有解答题，考生的思维不能被《GRE 考试官方指南》或者其他资料限制。只要能保证正确，完全可以利用自己的知识储备解决问题，不必拘泥于任何条条框框。以下面的难点题目为例：

难点 51: Suppose $ABCD$ is a rectangle, O is the center of the circle. If the coordinates of O are $(1, 2)$, coordinates of A are $(0, 3)$, and coordinates of D are $(4, 7)$ then what are the coordinates of C?

Suppose $ABCD$ is a rectangle, O is the center of the circle. If the coordinates of O are $(-1, 0)$, coordinates of A are $(-2, 1)$, and coordinates of D are $(3, 6)$ then what are the coordinates of C?

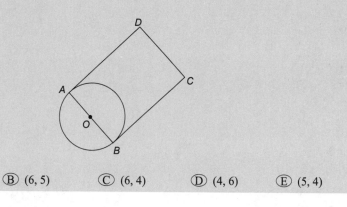

Ⓐ $(5, 6)$　　Ⓑ $(6, 5)$　　Ⓒ $(6, 4)$　　Ⓓ $(4, 6)$　　Ⓔ $(5, 4)$

答案： E

解析： 这个题目按照《GRE 考试官方指南》的分类来说是一道解析几何的题目。如果按照解析几何的方法来解决这个问题的话，我们可以采取以下步骤，已知 A 点坐标、O 点坐标，求得直线 AO 方程。又因为 B 在直线 AO 上，利用圆半径相等还知道 $|AO| = |OB|$，解得 B 点坐标，同时，已知 A 点坐标、D 点坐标，求得直线 AD 方程，因为直线 AD 平行于 BC，所以可求直线 BC 斜率，已求得 B 点坐标，所以直线 BC 方程可求，再利用矩形对边相等，$|AD| = |BC|$，求得 C 点坐标。

以上的这些步骤是完全按照《GRE 考试官方指南》的内容和知识来解决的，不存在超纲的知识和方法。但是如果利用在初中或高中接触过的向量 (vector) 的知识点，其实可以更快地解决这个问题。

向量是一个带有方向的线段。向量相等要求两个条件：一是方向相同，共线或平行，二是距离相等。如果两个向量相等，会有一个非常好的性质，就是两个向量端点对应坐标的差相等。

如上图所示，我们知道 $\overrightarrow{AO} = \overrightarrow{OB}$（$AO$, OB 都为半径，且 A、O、B 三点共线）。于是 $A\,(-2, 1) \rightarrow O\,(-1, 0)$，横坐标加 1，纵坐标减 1，于是从 O 到 B，同样横坐标加 1，纵坐标减 1，$O\,(-1, 0) \rightarrow B\,(0, -1)$。这样就很轻松地求出了 B 点坐标。

同样，利用 $\overrightarrow{AD} = \overrightarrow{BC}$，$A(-2, 1)$→$D(3, 6)$，横纵坐标均加 5，得出 $B(0, -1)$→$C(5, 4)$。于是 C 的坐标就很轻松地求了出来。答案为 E。

【总结】所以，在处理任何题目时，只要考生对用到的知识和方法有信心，完全可以忽略限制，果断采取更简单和更方便的方法。

为 GRE 备考的经历，实在是一段永不落幕的故事。梦想那么伟大，就不要再留遗憾了。

——王书路 宁波诺丁汉大学 微臣线上课程学生 GRE 数学 170

第一节 160、165、170 和"180"的区别

首先，简单解释一下所谓"180分玩家"的意思，有的考生 GRE 数学考到 170 分，仅仅是因为满分就是 170 分。"180 分玩家"的数学水平已经远远超出了 GRE 考试的要求，怎么考都是 170 分。

对于同样的考点，ETS 可以通过设计题目信息的复杂性、知识点的数量、逻辑思考的难度等多方面调节题目难度。本节将会通过同一个知识点的多种出题形式来展示 160、165、170 和"180"的区别。

强化题目 1

答案： C

解析： 本题可使用列举法答题。从 1 开始列举：1 到 10 中，只有 4 含有数字 4，有 1 个；11 到 20 中，只有 14 含有数字 4，有 1 个；21 到 30 中，只有 24 含有数字 4，有 1 个；31 到 40 中，只有 34 和 40 含有数字 4，有 2 个；41 到 49 中，有 10 个数字含有 4（44 是 2 个 4）。第 14 次出现"4"的数是 48，第 15 次出现"4"的数是 49。因此，列表中最后出现数字 4 的数是 48。故答案为 C。

强化题目 2

答案： E

解析： 本题可使用列举法答题。从 1 开始列举：1 到 10 中，只有 3 含有数字 3，有 1 个；11 到 20 中，只有 13 含有数字 3，有 1 个；21 到 30 中，只有 23 和 30 含有数字 3，有 2 个；31 到 40 中，有 10 个数字含有数字 3（33 是 2 个 3）；41 到 50 中，只有 43 含有数字 3，有 1 个；51 到 60 中，只有 53 含有数字 3，有 1 个。从 1 到 60 的正整数中第 16 次出现"3"的数字是 53，但继续往后数，第 17 次出现"3"的数字是 63。因此，最后一位可以是 53 到 62 的任意一个数，无法判断。故答案为 E。

强化题目 3

答案： BC

解析： 本题和前两道题目一样可使用列举法答题。题目求的是列出最后一个数的充分条件。

选项 A：1 到 10 中只有 1 个，11 到 20 中有 2 个，21 到 30 中有 10 个，31 到 42 中有 2 个，这时数字 2 刚好出现了 15 次，42 后面的一个数字不含有"2"，则列表上的最后一个数字不确定。

选项 B：1 到 10 中只有 1 个，11 到 20 中只有 1 个，21 到 30 中只有 1 个，31 到 50 中有 3 个，51 到 59 中有 10 个，第 16 次出现"5"的数字是 59。因此，58 是第 15 次出现"5"的数字。

选项 C：1 到 10 中只有 1 个，11 到 20 中只有 1 个，21 到 30 中只有 1 个，31 到 40 中只有 1 个，41 到 50 中只有 1 个，51 到 60 中只有 1 个，61 到 70 中只有 1 个，71 到 80 中有 2 个，第 10 次出现"8"的数字是 81。因此，80 是列表上的最后一个数字。

强化题目 4

答案： B

解析： 本题同样可使用列举法答题。

选项 A：从 1 开始的连续正整数中第 15 次出现数字 4 的数是 49，第 16 次出现数字 4 的数是 54，第 17 次出现数字 4 的数是 64。

选项 B：第 15 次出现数字 4 的数可以是 49 到 53 间的任意一个数，共 5 个可能的数字。

选项 C：第 16 次出现数字 4 的数可以是 54 到 63 间的任意一个数，共 10 个可能的数字。

强化题目 5

答案： B

解析： 101 到 200 间的完全平方数：$11^2 = 121$，$12^2 = 144$，$13^2 = 169$，$14^2 = 196$。故答案为 B。

强化题目 6

答案： E

解析： $(\pm 11)^2$、$(\pm 12)^2$、$(\pm 13)^2$、$(\pm 14)^2$ 在 101 到 200 之间，所以有 8 个整数：+11，−11，+12，−12，+13，−13，+14，−14。故答案为 E。

【**总结**】当题目提到"整数"和"平方"时，需要考虑正负数的取值。

强化题目 7

答案： C

解析： 题目求 1 到 1000 之间（包括 1 和 1000）既是完全平方数又是完全立方数的个数，即求 6 次方数的个数。$1^6 = 1$，$2^6 = 64$，$3^6 = 729$，$4^6 = 4196 > 1000$，因此 1 到 1000 之间只有 1^6，2^6，3^6 符合条件，共 3 个。故答案为 C。

强化题目 8

答案： 15,625

解析： 根据题目 $x = n^2 = k^3$，x 即是完全平方数又是完全立方数，因此，x 是个 6 次方数，即 m^6；根据题目个位数是 5，m 只能为 5，15，25，…，只有 $5^6 = 15,625$ 符合 0 到 10^7 间的范围。故答案是 15,625。

【**总结**】本题在上一题的基础上，又要求考生将 $x = n^2 = k^3$ 解读为"x 是一个 6 次方数"，从表达式中读出隐藏的条件，也是 GRE 考试加大难度的手段。

强化题目 9

答案： 7

解析： 此题考查抽象函数，由已知关系可知，$f(9) = f(8) = \cdots = f(5) = 7$。

强化题目 10

答案： D

解析： 此题考查抽象函数，由已知关系可知，$f(1) = 2f(0.5) + 1 = 3$，$f(2) = 2f(1) + 1 = 7$，$f(4) = 2f(2) + 1 = 15$，故答案为 D。

强化题目 11

答案： C

解析： 根据题目 $f(x) = f(x+1)$ 得知，$f(x)$ 为周期函数。$g(x) = f(x) + 1$ 表示 $g(x)$ 的图像是 $f(x)$ 的图像向上移动一个单位后得到的。周期函数并非一定是直线，即 $f(x)$ 和 $g(x)$ 都不一定是直线，也就不一定平行于 x 轴或 y 轴，所以 (I)、(II) 不能选。

或使用列举法判断：假设 $f(0) = f(1)$ 可以取值 1，$f(0.5) = f(1.5)$ 可以取值 0.5，此时 $f(x)$ 的图像不一定是直线，(I)、(II) 不能选。

$g(1)=9 \Rightarrow f(1)+1=9 \Rightarrow f(1)=8 \Rightarrow f(4)=8$，所以 (III) 是正确的，答案为 C。

强化题目 12

答案： B

解析： 本题可使用两种解题方法。

（1）方法 1：找规律。

$$f(0.5)=1=2-1 \Rightarrow f(2^{-1})=2^1-1$$

$$f(1)=2f(0.5)+1=3=4-1 \Rightarrow f(2^0)=2^2-1$$

$$f(2)=2f(1)+1=7=8-1 \Rightarrow f(2^1)=2^3-1$$

$$f(4)=2f(2)+1=15=16-1 \Rightarrow f(2^2)=2^4-1$$

$$f(8)=2f(4)+1=31=32-1 \Rightarrow f(2^3)=2^5-1$$

推断出 $f(2^n)=2^{n+2}-1$。

得出 $f(2^{256})=2^{258}-1$。

故答案为 B。

（2）方法 2：$\left[f(2x)+1\right]=2\left[f(x)+1\right] \Rightarrow f(x)+1$ 是一个等比数列，

$f(0.5)+1=f(2^{-1})+1=2 \Rightarrow f(2^n)=2^{n+2}-1$，

$f(2^{256})=2^{258}-1$。

故答案为 B。

强化题目 13

答案： 41

解析： 根据题目，$1.2n>48 \Rightarrow n>40$，n 是正整数，n 最小是 41，故答案是 41。

强化题目 14

答案： 45

解析： 根据题目，$1.2n>48 \Rightarrow n>40$，n 个数均为整数，和也是整数，即 $1.2n$ 为整数，n 最小是 45。

强化题目 15

答案： D

解析： 本题可使用列举法答题。$k=0.9$，$k+2=2.9 \Rightarrow n=1$ 或 $n=2$，$k+1=1.9 \Rightarrow n>k+1$ 或 $n<k+1$，故答案为 D。

【延伸】 k 是整数，n 是非整数，所以 $n \neq k+1$。

强化题目 16

答案： B

解析： 根据题目，如果 n 是整数，k 也是整数，那么 $n=k+1$；如果 k 不是整数，那么 $n>k+1$ 或 $n<k+1$。

(I) 如果 k 是整数时，$n=k+1$，(I) 不正确。

(II) 如果 $k<n<k+1$ 时，$k-n<0$，当 $n<k+1$ 时，$n-k-1<0$，使得 $(k-n)(n-k-1)>0$ 成立，(II) 正确。

(III) $|k+1-n|$ 表示 n 到 $k+1$ 的距离，$|n-k-2|$ 表示 n 到 $k+2$ 的距离，若 $n>k+1$，则无法判断 n 到 $k+1$ 和 $k+2$ 的距离的长短，(III) 不正确。

强化题目 17

答案： 56

解析：

$$C_7^2 = \frac{7 \times 6}{2 \times 1} = 21$$

$$C_7^3 = \frac{7 \times 6 \times 5}{3 \times 2 \times 1} = 35$$

$$C_7^2 + C_7^3 = 21 + 35 = 56$$

故答案为 56。

强化题目 18

答案： C

解析： Quantity B = $\frac{3}{n-2} C_n^3 = \frac{3}{n-2} \times \frac{n(n-1)(n-2)}{3 \times 2 \times 1} = \frac{n(n-1)}{2 \times 1} = C_n^2$，故答案为 C。

强化题目 19

答案： D

解析： $C_{25}^{2x} = C_{25}^{x+4} \Leftrightarrow 2x = x+4$，解得 $x=4$；$C_{25}^{2x} = C_{25}^{25-2x} \Leftrightarrow 2x = 25-(x+4)$，解得 $x=7$，故答案为 D。

强化题目 20

答案： C

解析：

$$4C_x^3 = 5C_{x+1}^2$$

$$4 \frac{x(x-1)(x-2)}{3 \times 2 \times 1} = 5 \frac{(x+1)x}{2 \times 1}$$

$$\frac{4}{5} = \frac{3(x+1)}{(x-1)(x-2)}$$

$$4x^2 - 27x - 7 = 0$$

解得 $x=7$ 或 $x=-\frac{1}{4}$。

因为 x 是整数，所以 $x=7$，故答案为 C。

静下心来做题，你会得到想要的结果。

——慕子豪 辽宁师范大学 微臣线上 GRE ONE PASS Pro 课程学生 微臣数学课代表

第二节 算术强化

强化题目 21

答案：A

解析：Quantity A：$100 \div 4 = 25$，$10 \div 4 = 2 \cdots\cdots 2$，11 到 100 之间的 5 的倍数有 $25 - 2 = 23$，$23 \times 4 = 92$。

Quantity B：$100 \div 5 = 20$，$10 \div 5 = 2$，11 到 100 之间的 5 的倍数有 $20 - 2 = 18$，$18 \times 5 = 90$，故答案为 A。

强化题目 22

答案：B

解析：根据正因数公式：2^x 共有 $(x + 1)$ 个因数，其中 1 是奇数，其余 x 个因数是偶数，Quantity A 是 x；3^x 共有 $(x + 1)$ 个因数，全部是奇数，Quantity B 是 $x + 1$。故答案为 B。

视频讲解

强化题目 23

答案：D

解析：本题可使用两种解题方法。根据题目：$\frac{1}{2} < r < 1 \Rightarrow$ Quantity A > 0，Quantity B > 0。

（1）方法 1：

$$\frac{\text{Quantity A}}{\text{Quantity B}} = \frac{(2r)}{\frac{1}{r}} = 2r^2$$

假设 r 无限趋近于最小值 $r = \frac{1}{2}$，$2r^2 = \frac{1}{2} < 1$，

假设 r 无限趋近于最大值 $r = 1$，$2r^2 = 2 > 1$，

故答案为 D。

（2）方法 2：

$$\text{Quantity A} - \text{Quantity B} = 2r - \frac{1}{r} = \frac{(2r^2 - 1)}{r}$$

根据题目：$\frac{1}{2} < r < 1 \Leftrightarrow -\frac{1}{2} < 2r^2 - 1 < 1$，而分母 r 为正数，则 Quantity A $-$ Quantity B 的差值

$\frac{(2r^2 - 1)}{r}$ 可正可负可零，故答案为 D。

强化题目 24

答案：D

解析：$s + \frac{t}{u}$：s 越大，t 越大，u 越小，值越大。当 $s = 10, t = 11, u = 20$ 时，取得最小值 $10\frac{11}{20}$；当 $s = 18$，$t = 19, u = 20$，取得最大值 $18\frac{19}{20}$。故答案为 D。

强化题目 25

答案： 11

解析： 根据题目 p、n 是质数，$p - n = 4$，$1.5 < \dfrac{p}{n} < 2$，得出 $4 < n < 8$。质数 n 的可能取值为 5、7，p 的值可能为 9、11。p 是质数，所以 $n = 7$，$p = 11$。故答案为 11。

强化题目 26

答案： A

解析： n 为正偶数；k 为偶 + 奇，是个奇数，$(-1)^k - (-1)^{k+1} = (-1) - 1 = -2$。故答案为 A。

强化题目 27

答案： C

解析： Quantity A = $x\% \times y = \dfrac{x \times y}{100}$，Quantity B = $y\% \times x = \dfrac{x \times y}{100}$，得出 Quantity A = Quantity B。故答案为 C。

强化题目 28

答案： C

解析： $\dfrac{a^2}{b^2} = \dfrac{a}{b}$，$ab \neq 0 \Rightarrow a^2 b = ab^2 \rightarrow a = b$。故答案为 C。

强化题目 29

答案： A

解析： Quantity A – Quantity B = $a^2 + 2aa^{-1} + a^{-2} - (a^2 + a^{-2}) = 2 > 0$。故答案为 A。

强化题目 30

答案： 3000

解析： 设这个数是 x，将 x 的小数点向左移动 6 位，则 x 除以 10^6，得到的数字是 x 的倒数的 9 倍，即 $\dfrac{x}{10^6} = \dfrac{9}{x}$，得到 $x = 3000$。

强化题目 31

答案： A

解析： $4n = \dfrac{3^5}{m} \Rightarrow nm = \dfrac{3^5}{4}$，但 n，m 都是整数，$\dfrac{3^5}{4}$ 不是整数，此式不成立。故答案为 A。

强化题目 32

答案： 26

解析： 要想使差值小，首先满足百位数应该最接近，满足条件的百位数是 6 和 7，继而让百位是 6 的十位数越大，则十位是 9，让百位是 7 的十位数越小，则十位是 2，再让百位是 6 的个位数越大，百位是 7 的个位数越小，则最后拼成的两个两位数是 724 和 698，差值为 26。

强化题目 33

答案： A

解析： 求近似值，$0.\overline{8} = \dfrac{8}{9}$；$0.\overline{3} = \dfrac{1}{3}$；$0.\overline{592} = \dfrac{592}{999} = \dfrac{16}{27}$；$0.\overline{4} = \dfrac{4}{9}$。

$$\frac{0.888888^{27} \times 0.333333^{6}}{0.592592^{20} \times 0.444444} \approx \frac{\left(\frac{8}{9}\right)^{27} \times \left(\frac{1}{3}\right)^{6}}{\left(\frac{16}{27}\right)^{20} \times \frac{4}{9}} = \frac{9}{2} = 4.5$$

故答案为 A。

强化题目 34

答案： D

解析： 根据题目：$x = 2q + 1 = 4p + 1 = 6n + 1 = 8m + 1$，其中 q, p, n, m 分别为 x 除以 2, 4, 6, 8 后的商，得出 $x - 1 = 2q = 4p = 6n = 8m$。当 $q, p, m, n \neq 0$ 时，$x - 1$ 是 2, 4, 6, 8 的公倍数，即 $x - 1$ 是 2, 4, 6, 8 四个数最小公倍数的倍数。又 2, 4, 6, 8 的最小公倍数为 24，故 $x - 1$ 可以为 $24, 48, 72, \cdots$，x 可以为 $25, 49, 73, \cdots$。当 $q, p, m, n = 0$，$x - 1 = 0$，所以 $x = 1$。故答案为 D。

【注意】时刻牢记，当被除数 < 除数时，商 = 0 的特殊情况。

强化题目 35

答案： C

解析： 被 6 整除相当于同时被 3 整除和被 2 整除。显然 $3, 3^{2}, \cdots, 3^{6}$ 均能被 3 整除，6 个奇数相加为偶数可以被 2 整除。故 $3 + 3^{2} + \cdots + 3^{6}$ 能被 6 整除，余数为 0。故答案为 C。

强化题目 36

答案： D

解析： 把不等式直接表示在数轴上。如 $|x - a| \leqslant b$ 表示中心为 a，线段两端到 a 的距离都为 b。题图中线段中心为 -7，线段两端到中心距离为 5，故不等式为 $|x + 7| \leqslant 5$。故答案为 D。

强化题目 37

答案： B

解析： 单选题，故直接找例子即可。显然，4 除以 6 余 4，5 除以 6 余 5，则 $4 \times 5 = 20$，除以 6 余数为 2。一般做法：$m = 6k + 4$，$p = 6t + 5$，$m \times p = 36tk + 24t + 30k + 20$，除以 6 余数依然为 20 除以 6 的余数，为 2。故答案为 B。

强化题目 38

答案： C

解析：

循环小数化分数：多少位循环节，分母上就有几个 9。

$$0.\overline{cd} = \frac{\overline{cd}}{99}$$

由于 $c < d$，$c + d = 5$，故可能的取值为 $\{0, 5\}, \{1, 4\}, \{2, 3\}$，对应分数为

$$\frac{5}{99} + \frac{14}{99} + \frac{23}{99} = \frac{42}{99} = \frac{14}{33}$$

故答案为 C。

强化题目 39

答案： B

解析： 根据本书第一章 2.3 小节因数个数的计算，

$$6 = 3 \times 2 = (2+1) \times (1+1)$$
$$= 6 \times 1 = (5+1) \times (1+0)$$

即有 6 个因数的数为一个质因数平方与另一个质因数的乘积，或一个质因数的 5 次方。

可能的数：

$$2^2 \times 3 = 12$$
$$2^2 \times 5 = 20$$
$$2^2 \times 7 = 28$$
$$3^2 \times 2 = 18$$
$$2^5 = 32$$

故共有 5 个可能的数，答案为 B。

强化题目 40

答案： C

解析： $H - G = 100(x-y) + 10(x-y) + 2$，个位为 2（题目条件为 $x > y$，对个位没有影响；若 $x < y$ 则个位为 8）。$H + G = 100(x+y) + 10(x+y) + 6$，个位为 6。显然 $2 \times 6 = 12$，个位为 2，故答案为 C。

强化题目 41

答案： E

解析： 本题可使用两种解题方法。

（1）数位展开法：$\overline{YX7} = 100Y + 10X + 7$，$\overline{6Y} = 60 + Y$，$\overline{Y7X} = 100Y + 70 + X$，则 $101Y + 10X + 67 = 100Y + 70 + X$，即 $9X + Y = 3$，则 $X = 0$，$Y = 3$，故答案为 E。

（2）竖式加法：从最高位看，Y 没有进位，故 X 只能为 0 或 1。而 $7 + Y$ 个位为 X，必然有进位产生，即 $X + 6 + 1 = 7$，则 $X = 0$，故答案为 E。

强化题目 42

答案： C

解析： 极差中只需找出最大值和最小值。最大值：分子最大，分母最小，为 $\frac{8}{3}$。最小值：分子最小，分母最大，为 $\frac{2}{9}$。其差为 $\frac{22}{9}$，故答案为 C。

强化题目 43

答案： B

解析： $3^x \times 3^{-x} = 1$，乘积一定，两数大小相等时和最小。故当 $x = 0$ 时，$3^x = 3^{-x} = 1$，$3^0 + 3^0 = 2$，故答案为 B。

第三节 代数强化

强化题目 44

答案： D

解析： 本题可使用列举法。t = 4，s = 2，s + 2 = 4 = |t|，Quantity A = Quantity B；t = −2，s = 4，s + 2 = 6 > |t|，Quantity A > Quantity B。故答案为 D。

强化题目 45

答案： B

解析： Quantity A − Quantity B = $(x+y)/2 - (y-1) = (x-y+2)/2$，根据 $x < y - 2$，得 $x - y + 2 < 0$，差为负数，所以 Quantity A < Quantity B，故答案为 B。

强化题目 46

答案： AB

解析： 选项 A：方法 1：计算 QR 所在直线和 PR 所在直线的斜率，利用两条直线垂直斜率为 −1 的性质可知，直线 QR 和 PR 垂直，A 正确；

方法 2：利用两点间距离公式，分别计算出 $PQ = 5\sqrt{2}$，$QR = \sqrt{5}$，$PR = 3\sqrt{5}$，可知三边正好满足勾股定理：$\left(5\sqrt{2}\right)^2 = \left(\sqrt{5}\right)^2 + \left(3\sqrt{5}\right)^2$，则 PQR 是直角三角形，A 正确；

选项 B：三角形面积为 $\frac{1}{2}|QR||PR| = \frac{1}{2}\sqrt{5}\sqrt{45} = \frac{15}{2}$，B 正确；

选项 C：算出三边长后可知 △ PQR 中没有相等的两条边，C 错误。

强化题目 47

答案： B

解析：

$$ax^2 = bx^2 - 1$$

$$(a-b)x^2 + 1 = 0$$

$$\Delta = 0^2 - 4(a-b) > 0 \rightarrow a < b$$

故答案为 B。

强化题目 48

答案： C

解析： $x = 0$，y 截距为 b；$y = 0$，x 截距为 $\frac{-b}{k}$。$b = \frac{-b}{k} \rightarrow k = -1$，故答案为 C。

强化题目 49

答案： A

解析：

$$\frac{x+2}{2} = 4 \rightarrow x = 6$$

$$f(4) = 3 \times 6^2 - 6 + 5 = 107 > 85$$

故答案为 A。

强化题目 50

答案：0.25

解析：根据二次函数 $y = k - x^2$，求出 A、B、C 三点坐标。令 $x = 0$，得 $y = k$，则 A 点坐标 $(0, k)$，$|OA| = k$；令 $y = 0$，得 $x = \pm\sqrt{k}$，则 B 点坐标 $(\sqrt{k}, 0)$，C 点坐标 $(-\sqrt{k}, 0)$，$|BC| = 2\sqrt{k}$。所以三角形面积为 $\frac{1}{2} k \cdot 2\sqrt{k} = \left(\sqrt{k}\right)^3 = \frac{1}{8} \rightarrow k = \frac{1}{4} = 0.25$。

强化题目 51

答案：A

解析：圆心 $(3, 2)$，x 轴与圆相切于 $(3, 0)$，说明半径为 2。所以圆周最左侧的点是 $(1, 2)$，所以 x 最小值是 1，大于 0，故答案为 A。

强化题目 52

答案：D

解析：本题可使用举反例法解答。A 选项：$(0, 4)$，B 选项：$(0, 0)$，C 选项：$(0, 3)$，E 选项：$(0, 3)$，故答案为 D。

强化题目 53

答案：B

解析：$p(1 - p) = -p^2 + p = -\left(p - \frac{1}{2}\right)^2 + \frac{1}{4}$，或由二次函数对称轴方程 $x = -\frac{b}{2a} = -\frac{1}{2}$ 可知，当 $p = \frac{1}{2}$ 时，该式达到最大值 $\frac{1}{4}$，$\frac{1}{4} < \frac{1}{2}$，故答案为 B。

强化题目 54

答案：A

解析：选项 A：$f(-x) = \frac{(-x)^3}{(-x)^2 + 1} = -\frac{x^3}{x^2 + 1}$；$-f(x) = -\frac{x^3}{x^2 + 1}$；$f(-x) = -f(x)$，A 正确。

选项 B：$f(-x) = \frac{(-x)^2 - 1}{(-x)^2 + 1} = \frac{x^2 - 1}{x^2 + 1}$；$-f(x) = -\frac{x^2 - 1}{x^2 + 1}$；$f(-x) \neq -f(x)$。

选项 C：$f(-x) = \left((-x)^2 - 1\right)(-x)^2 = (x^2 - 1)x^2$；$-f(x) = -(x^2 - 1)x^2$；$f(-x) \neq -f(x)$。

选项 D：$f(-x) = \left((-x)^3 - 1\right)(-x) = (x^3 + 1)x$；$-f(x) = -(x^3 - 1)x$；$f(-x) \neq -f(x)$。

选项 E：$f(-x) = \left((-x)^3 - 1\right)(-x)^2 = (-x^3 - 1)x^2$；$-f(x) = -(x^3 - 1)x^2$；$f(-x) \neq -f(x)$。

【拓展】$f(-x) = -f(x)$ 的函数称作奇函数，其函数图像关于原点对称。（此拓展仅做了解，在 GRE 考试中不要求掌握。）

第四节 几何强化

视频讲解

强化题目 55

答案： D

解析： 正 n 边形的内角角度为 $180° \times \dfrac{n-2}{n}$（设为 a），正 $n+1$ 边形的内角角度为 $180° \times \dfrac{n-1}{n+1}$（设为 b），$a < b$。该组数据为 n 个 a 和 $n+1$ 个 b 组成，奇数个数据的中位数为最中间的数，为 $b = \dfrac{180(n-1)}{n+1}$。$n = 3$ 时，Quantity A = Quantity B；$n > 3$ 时，Quantity A > Quantity B，故答案为 D。

强化题目 56

答案： D

解析：（1）根据周长一定，边数一定，正多边形面积最大。正三角形边长 $\dfrac{8}{3}$，高为 $\dfrac{\sqrt{3}}{2} \times \dfrac{8}{3}$，面积 $=$

$\dfrac{1}{2} \times \dfrac{\sqrt{3}}{2} \times \dfrac{8}{3} \times \dfrac{8}{3} = \dfrac{16}{9}\sqrt{3} > 3$。

（2）当三条边无限接近成一条直线时，面积最小，接近 $0 < 3$。

故答案为 D。

强化题目 57

答案： A

解析： Quantity A 的对角线长为 $\sqrt{2}x$，Quantity A 的面积 $= \dfrac{1}{2} \times \sqrt{2}x \times \sqrt{2}x = x^2$，Quantity B 的面积 $=$

$\pi\left(\dfrac{x}{2}\right)^2 = \dfrac{\pi}{4}x^2 < x^2$。故答案为 A。

强化题目 58

答案： CD

解析： 圆的面积为 πa^2，正方形面积为 $k^2 a^2$。

$$\pi a^2 < k^2 a^2$$

$$k > \sqrt{\pi} \approx 1.77$$

故答案为 CD。

强化题目 59

答案： C

解析： 本题可使用两种解题方法。

（1）方法一：Quantity A $= AE \times AB$，Quantity B $= ED \times AB$。$AE = BC = ED$，所以 Quantity A = Quantity B。故答案为 C。

（2）方法二：使用割补法。因为 $\triangle ABE$ 的面积和 $\triangle CDE$ 的面积相等，所以 Quantity A = Quantity B。故答案为 C。

强化题目 60

答案： B

解析： 由勾股定理，直角三角形三边之比为 $1:7:\sqrt{50}$。已知斜边为 $\sqrt{200}$，那么两个直角边为 2 和 14，周长为 $16+10\sqrt{2}\approx30.14$，故答案为 B。

强化题目 61

答案： B

解析： 不共线的三个点可以组成三角形，到这三个点距离都相等的点，只有一个，是三角形外接圆的圆心（外心）。外心是三角形三条边的中垂线的交点。外心到三个点的距离均为外接圆半径，符合题意。由于外心只有一个，故答案为 B。

强化题目 62

答案： B

解析： Quantity A = 六边形内角和的二倍 = $2\times180°\times(6-2)=180°\times8=1440°$，

Quantity B = 十二边形的内角和 = $180°\times(12-2)=180°\times10=1800°$。所以选 B。

强化题目 63

答案： D

解析： 首先要求出 Quantity A 圆内接四边形面积的范围。最小是 0，即 A，B，C，D 四个点无限接近；最大即 $ABCD$ 是正方形时，此时面积为 $\frac{1}{2}\times10^2=50$（用菱形面积公式，两对角线乘积的一半）。故答案为 D。

【注意】 在数量比较的题目中，若有一个数量为确定的值（40），另一个数量为一段描述（The area of quadrilateral $ABCD$），则可以：

（1）根据描述求出一个具体的值与另一个数量比较；

（2）求出描述内容的取值范围与另一个数量比较；

（3）想象所给确定值的数量是如何求得的，和所给的另一个数量的描述有何不同。

本题就属于情况（2），在无法求得具体值的情况下应考虑取值范围，一般考虑其最大值和最小值。考虑最值时，可以想象符合条件的最极端的情况，比如本题的特殊四边形。

强化题目 64

答案： B

解析： 不需要计算平行四边形 $ABCD$ 的具体面积。根据第 63 题提到的数量比较的三种情况中的（3），想象 Quantity B 的 24 属于哪种情况，$24=4\times6$，即一个平行四边形的底为 4，高为 6 时的面积，然而现在 $ABCD$ 的高明显小于 6，则平行四边形 $ABCD$ 的面积小于 24，故答案为 B。

强化题目 65

答案： C

解析： 原等边三角形的三条边都扩大 50%，即原三角形和新三角形的三边均相等（SSS 即边边边原则），所以原三角形和现三角形相似。二者相似比 = 1:1.5，则二者面积比 = 相似比的平方 = $(1^2):(1.5^2)$ = 1:2.25，即新三角形是原三角形面积的 225%，也就比原来增加了 125%，故答案为 C。

强化题目 66

答案： D

解析： 比较边 AB 和边 BC 的大小关系，但题目中没有给出与边相关的条件，所以根据"大边对大角"的性质，转化成比较这两条边所对的角的关系，即 $\angle C$ 与 $\angle A$ 的关系。

条件给出 $\angle C = 89°$，但 $\angle A$ 可以小于 89°（如题所示），也可以等于 89°（即 $\angle B = 2°$），也可以大于 89°（即 $0° < \angle B < 2°$）。所以 $\angle C$ 与 $\angle A$ 的大小关系不确定，也就是边 AB 和边 BC 的大小关系不确定，故答案为 D。

【注意】（1）GRE 的几何题的图形都是不按比例画出的（not drawn to scale），图中的 $\angle A$ 虽然看起来比 $\angle C$ 小，但实际上这不能代表二者实际的数量关系。

（2）若题目中的 $\angle C$ 的度数改成大于等于 90° 的一个值，则可以认定 $\angle C > \angle A$，因为在直角或钝角三角形中，直角或钝角一定是这个三角形里最大的角。

强化题目 67

答案： 5 / 9

解析： 用相似三角形原理答题。$\triangle ADF$ 与 $\triangle ABC$ 相似比 1:3，则面积比为 1:9。同理，EFC 与 ABC 面积比为 4:9，所以阴影部分面积之和与 $\triangle ABC$ 的面积的比例为 5/9，故答案为 5/9。

强化题目 68

视频讲解

答案： B

解析： 过 C 作 AD 的垂线，垂足为 E，则 $AE = BC = 7$，$DE = 10.5$，$CD = 14.5$，故 $CE = 10$，即为圆的直径长度，圆周长为 $10\pi \approx 31.4$ 米。故答案为 B。

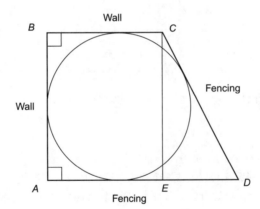

强化题目 69

答案： D

解析： 如图，$PQDA$ 的面积为 $(10 + 20) \times 10 \div 2 = 150$ 平方米，故油漆能刷至 PQ 线右侧。$x = 11$ 时，面积为 $150 + (10 + 10.5) \times 1 \div 2 = 160.25$ 平方米；$x = 12$ 时，面积为 $150 + (10 + 11) \times 2 \div 2 = 171$ 平方米。故 $11 < x < 12$ 答案为 D。

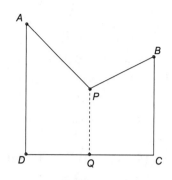

强化题目 70

答案： E

解析：

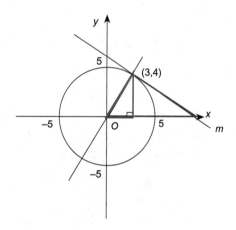

用相似三角形，根据角相等的关系推知图中两个三角形相似，三边比例均为 $3:4:5$，所以直线 m 和 x 轴截距的大小即为斜边长度，为 $5 \times \dfrac{5}{3} = \dfrac{25}{3}$。故答案为 E。

强化题目 71

答案： B

解析： 整个图形中的圆弧段 y 拼起来可以形成一个圆的周长，为 4π。五段线段 x 的长度均为两个半径的长度，为 4，总长为 20。故整个图形周长为 $4\pi + 20$。故答案为 B。

视频讲解

> 作为很久不碰数学的文科生，我在微臣上完数学课最大的收获在于认识到良好的心态和举一反三的能力的重要性。盲目做题是没用的，多花时间纠正同一类型的错误，比花时间找题、刷题有用多了！将自己的错题按照知识点的板块归类并举一反三，这个过程不仅可以帮助自己有效复盘并提高后期复习的效率，还可以对 GRE 出题套路加深印象。
>
> ——李毓灵 约翰霍普金斯大学 微臣线上 GRE ONE PASS Pro 课程学生

第五节 数据分析强化

强化题目 72

答案： A

解析： 确定 I 中个数为 100/2 = 50，确定 II 中个数为（100−50）× 60% = 30，则平均值 =（24.4 × 50 + 31.5 × 30）÷（50+50）= 27.0625，与 A 选项最接近。

强化题目 73

答案： 17

解析： 设 20 个班平均学生数为 X，有 27 < X < 28，原来的总人数为 20X。而新加的班的学生数是 21(X−0.5)−20X，化简后为 X−10.5。因为 27 < X < 28，所以 16.5 < X−10.5 < 17.5。又因为人数必须是整数，所以答案是 17。

视频讲解

强化题目 74

答案： C

解析： 本题可使用两种解题方法。

（1）方法一，分类讨论。

①x 大于中位数时，此时中位数为 7，则 $\frac{37+x}{7} < 7$，得 $x < 12$。

②x 等于中位数时，此时中位数为 x，则 $\frac{37+x}{7} < x$，得 $x > \frac{37}{6}$。

③x 小于中位数时，此时中位数为 6，则 $\frac{37+x}{7} < 6$，得 $x < 5$。

（2）方法二，观察选项。发现所给的范围的临界值是 5，$\frac{37}{6}$，12，则只需判断 x 取这几个值之间的数是否符合平均值小于中位数即可。故答案为 C

强化题目 75

答案： A

解析： 45 = 47 − 2，53 = 55 − 2，64 = 62 + 2，83 = 81 + 2，由此可见 Quantity A 和 Quantity B 两个数列平均值相等，而 Quantity A 数列中的数与平均值差距更大。故答案为 A。

强化题目 76

答案： D

解析： 若没给标准差公式就无须具体计算，只需定性判断。本题给了公式就需要计算。由于有 k 个 1 和 k 个 5，数组 M 的平均值为 3。其标准差为
$$\sqrt{\frac{(1-3)^2 + (1-3)^2 + \cdots + (1-3)^2 + (3-3)^2 + (5-3)^2 + (5-3)^2 + \cdots + (5-3)^2}{k+1+k}} < 1.95$$，其中 $(1-3)^2$ 有 k 个，$(5-3)^2$ 也有 k 个，则该式可化简为 $\sqrt{\frac{4 \times 2k}{2k+1}} < 1.95$，解得 $k < 9.63$。由于 k 为正整数，k 最大值为 9。故答案为 D。

强化题目 77

答案： B

解析： 箱线图的五条线，分别为最小值、三个四分位数、最大值。

选项 A：本组数据有 240 个，为偶数个，则中位数为 60 不一定数据中含有 60，错误。

选项 B：极差为 60，四分位距为 $70-40=30$，$60<3\times40$，正确。

选项 C：小于 40 和大于 70 的数都为 60 个，错误。

故答案为 B。

强化题目 78

答案： A

解析： 本题可使用枚举法答题。

p	t
1	3, 5, $\cdots$, 399 共 199 个
3	5, 7, $\cdots$, 399 共 198 个
$\vdots$	$\vdots$
397	399 共 1 个

$199+198+197+\cdots+1=\dfrac{199\times(199+1)}{2}=19,900$ 个可能的组合。故答案为 A。

强化题目 79

答案： C

解析： $C_3=0.2$，$C_4=0.2^2$，$C_5=0.2^3$，$C_6=0.2^4$；

$25^3\times0.2^{10}=5^6\times0.2^6\times0.2^4=1^6\times0.2^4=0.2^4$。

$C_6=25^3\times0.2^{10}$，故答案为 C。

强化题目 80

答案： C

解析： 显然，$a_1=\sqrt{1^2+1^2}$，$a_2=\sqrt{2^2+1^2}$，$a_3=\sqrt{3^2+1^2}$，$\cdots$，$a_n=\sqrt{n^2+1^2}$。所以，$a_{20}=\sqrt{20^2+1^2}=\sqrt{401}$。故答案为 C。

强化题目 81

答案： B

解析： 设总人数为 x，对 hiking 感兴趣的有 60%，人数为 $0.6x$，对 softball 感兴趣的人数为 $0.75x$，其中 2/3 也对 hiking 感兴趣，即同时对 hiking 和 softball 感兴趣的人数为 $0.5x$，只对 hiking 感兴趣的人数为 $0.1x$，只对 softball 感兴趣的为 $0.25x$，对 hiking 和 softball 都不感兴趣的为 $x-0.5x-0.25x-0.1x=0.15x$，占比 15%，故答案为 B。

强化题目 82

答案： 165

解析： 委员会共有 13 人，现在其中 2 人一定要加入五人小组，只需要从剩下 11 人中选 3 人，为组合问题，答案为 $C_{11}^3=\dfrac{11\times10\times9}{3\times2\times1}=165$。

强化题目 83

答案：8

解析：A 是 C 的子集，说明 C 一定包含 2，4，6；C 是 B 的子集，所以 C 有可能（有或无）包括 8，10，12。这三个数字每个都有"选择"和"不选"两种方案，因此答案是 $2 \times 2 \times 2 = 8$。

强化题目 84

答案：0.58

解析：计算 A 和 B 同时发生的最大概率，但不知道事件 A 和 B 的关系。当 B 是 A 的子集时，A 与 B 的交集最大，此时交集为 0.58，即 $P(A \text{ and } B) = 0.58$。

强化题目 85

答案：0.21

解析：由 $P(A \text{ or } B) = P(A) + P(B) - P(A \text{ and } B)$，可知 $P(A \text{ and } B) = P(A) + P(B) - P(A \text{ or } B)$，想让其最小，则应该让 $P(A \text{ or } B)$ 最大，而在同一个概率实验下，A 或 B 发生的最大值等于 1，于是 $P(A \text{ and } B) = P(A) + P(B) - P(A \text{ or } B) = 0.63 + 0.58 - 1 = 0.21$。

【注意】 大家容易想到 A 和 B 交集最小就是 A 和 B 互斥，但若 A 和 B 互斥，两个集合的对应的概率相加就会超过 1，与实际不符。

强化题目 86

答案：B

解析：A 与 B 事件互斥，则 $P(A \text{ and } B) = 0$，则 $P(A \text{ or } B) = P(A) + P(B) - P(A \text{ and } B) = 0.23 + 0.59 - 0 = 0.82$；$C$ 与 D 事件独立，则 $P(C \text{ and } D) = P(C) \times P(D)$，则 $P(C \text{ or } D) = P(C) + P(D) - P(C \text{ and } D) = 0.85 + 0.11 - 0.85 \times 0.11 = 0.8665$。$0.82 < 0.8665$，所以选 B。

强化题目 87

答案：C

解析：一次失败的概率是 0.3，则一次成功的概率是 0.7。

视频讲解

$$P(\text{至少一次不失败}) = 1 - P(\text{每次都失败}) = 1 - 0.3^n > 0.99$$

$$0.3^n < 0.01$$

通过试数可得出 n 最小为 4，所以选 C。

强化题目 88

答案：A

解析：10 个人，每人握手 4 次，那总数是 40 次。但每次握手是两个人，相当于每次握手的行为算了 2 次，所以 $40/2 = 20$，答案是 A。

强化题目 89

答案：C

解析：此题要求女生不分开，男生也不分开，即坐在一起，因此采用"捆绑法"，即把需要相邻的人看成一个整理。此题有两个整体：男生、女生。首先，由于是排座位，顺序重要，所以是排列问题。之后分成三个步骤，第一步将男生、女生两个整体进行排列，方案数为 A_2^2。第二步将 3 个男生在男生整体内部进行排列，方案数为 A_3^3。第三步将 3 个女生在女生整体内部进行排列，方案数也为 A_3^3。所以总方案数是 $A_2^2 \times A_3^3 \times A_3^3 = 72$。故答案为 C。

强化题目 90

视频讲解

答案：C

解析：一个七位数，去掉两个 3，剩下的数为 52115，现在我们要还原原来的数，可以使用两种方法。

（1）方法一：插空。 __5__2__1__1__5__，缺的两个数字都可能出现在这 6 个空中的任意位置上。第一步先插入第一个数字 3，有 6 种放置方法，成为一个六位数；第二步插入第二个数字 3，有 7 种方法；第三步，考虑重复的部分，因为两个缺失的数字都是 3，排序哪个 3 在前都一样，因此答案 $= \dfrac{6 \times 7}{A_2^2} = 21$。故答案为 C。

（2）方法二：原数字有七个位置： __ __ __ __ __ __ __ ，选出两个位置填 3，剩下的空从左到右依次填补 5、2、1、1、5 即可。在这里选择顺序不重要，如先选第 6 个位置，再选第 4 个位置，与先选第 4 个位置再选第 6 个位置是同一种情况，因此是组合问题，选两个 3 的方案数为 $C_7^2 = 21$。故答案为 C。

强化题目 91

答案：ABC

解析：若将 7 个数字从小到大排列，则按照目前的信息可以确定如下数字：

1st	2nd	3rd	4th	5th	6th	7th
2	3	3	6			20

现在只有第五和第六两个数字无法确定，这组数列的平均数的取值范围取决于这两个数的取值。思考它们的最大值和最小值。最大的情况是第五和第六位数字无限趋近于 20（不能等于 20，否则与 3 出现次数最多矛盾），此时计算出的平均值为 10.57。最小的情况是第五和第六位数字无限趋近于 6（不能等于 6，否则与 3 出现次数最多矛盾），此时计算出的平均值为 6.57。则平均值可以是 6.57~10.57 之间的任意数字，ABC 选项均正确。

【注意】 本题仅说数列中的数字为"number"实数，没有说是"integer"整数，因此不能看已经给出的其他数字均为整数就默认第五个和第六个数字也为整数。在做题之前，务必看清变量的取值范围。

强化题目 92

答案：E

解析：本题考查动态规划，按从小到大排序。

1	2	3	4	5	6	7	7 个数的和
2	2	2	10	10	11	26	63

故答案为 E。

强化题目 93

答案：E

解析：x 厘米这个数据位于第 73 个百分位数上，说明在这个分布中的数据小于 x 厘米的概率是 73%。大于 y 厘米、小于 x 厘米的范围有 68 个数据，说明在这个分布中的数据大于 y 厘米、小于 x 厘米发生的概率是 68/850 = 8%。则 y 厘米这个数据的百分位数，也就是数据小于 y 厘米所发生的概率就等于 73% − 8% = 65%，故答案为 E。下图可以很好地说明以上关系。

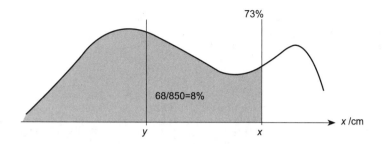

强化题目 94

答案： A

解析： 中位数就是第 50 个百分位数，即看概率分布从左开始面积为 $\frac{1}{2}$ 处对应的 x 的值。画图，从图像上可知，要使四边形 $ABCD$ 的面积为 $\frac{1}{2}$。设 B 横坐标为 x（注意 x 是个负数，因为显然 x 轴正半轴上方的面积不足 $\frac{1}{2}$，所以 B 必然在 x 轴负半轴），则 $AB = \frac{2}{13}|x| = -\frac{2}{13}x$，$ABCD$ 的面积为 $\frac{1}{2}\left(\frac{2}{13}|x| + \frac{6}{13}\right)(3 + x) = \frac{1}{2}$，解得 $x = -\sqrt{\frac{5}{2}} \approx -1.58 > -\frac{9}{5}$（注意，下图为 $ABCD$ 大致位置的示意图，不一定代表实际大小），故答案为 A。

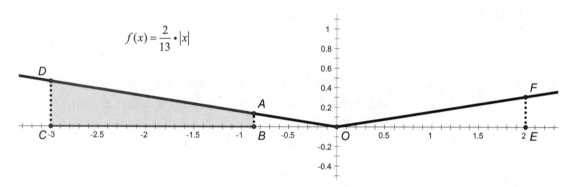

强化题目 95

答案： B

解析： 平均值 81，标准差为 5，小于 76 或大于 86 的都在一个标准差以外，由题可知一个标准差以内的占比为 68%，故一个标准差以外的占比为 32%。根据对称性，81 到 86 之间为 0 到右边一个标准差，占比为 68% 的一半即 34%，32% < 34%，故答案为 B。

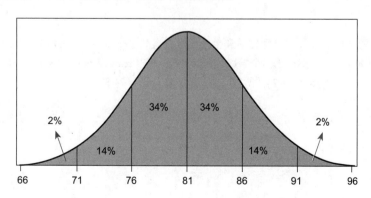

第六节 图表题专项强化

强化题目 96

答案：C

解析：当图表题目出现时间对比时，最常见的考法就是计算百分比，此题百分比的描述方式为 From A to B，计算时注意把 A 放在分母处。由于数据是关于 Number of Temporary Employees，因此答题时参照左图，$(286 - 121)/121 \times 100\% = 136\%$，故答案为 C。

强化题目 97

答案：A

解析：根据题意，此题需要计算 1999 年临时工中雇佣合同低于三个月的人数。计算需要两个量，一个是 1999 年临时工的总人数，根据左图，为 286,000。另一个是低于三个月的比例，按照右图分类有两类，一个是少于一周的，另一个是一周到三个月的，共计 $12.3\% + 52.4\% = 64.7\%$，所以人数为 $286,000 \times 64.7\% = 185,042$，答案选 A。

强化题目 98

答案：E

解析：根据题意，女性 F: 男性 M = 1 : x，又根据左图，F + M = 253。解得 $F = 253/(1 + x)$，故答案为 E。

强化题目 99

答案：A

解析：首先，这个图是条形图的一个变形，深色阴影比例数值相加得 100%，对应的总量是女性的人数，为 200，浅色阴影比例数值相加得 100%，对应的总量是男性的人数为 250。对于工程学 （Engineering）的教职工（faculty）来讲，女性的人数为 $2\% \times 200 = 4$，男性的人数为 $12\% \times 250 = 30$，所以共计 34 人，又由于学生的人数为 275，所以比例为 275:34，约为 8:1，故答案为 A。

强化题目 100

答案：E

解析：此题需要两个量，一个是人文学科的教职工总数（faculty in humanities），另一个是人文学科男性教职工人数（male faculty in humanities）。由图中信息可知，人文学科 humanities 中男性与女性加起来即为教职工总数 faculty in humanities，为 $200 \times 17\% + 250 \times 14\% = 34 + 35 = 69$，而男性教职工人数 male faculty in humanities = $250 \times 14\% = 35$，因此 35/69 约为 51%，故答案为 E。

强化题目 101

答案：8/29

解析：首先用与上题类似的方法求出生物学和生命科学总人数（combined faculty）：$200 \times (5\% + 16\%) + 250 \times (10\% + 8\%) = 87$。然后求两个学科的终身教授人数（tenured professors）：$200 \times (5\% + 16\%) \times 1/3 + 250 \times (10\% + 8\%) \times 2/9 = 24$。所以终身教授 / 总人数 = 24/87 = 8/29。

强化题目 102

答案： BCE

解析： 此图为条形图和饼状图（用比例代替）的复合图形，Housing 的花费对应第一种阴影大小。由于 x 轴为具体的 dollar 数值，因此我们只需要做纵向比较。题目中找比 Q 大的，就是左边第一段比 Q 的第一段长的图形，答案为 R、S、U，对应选项为 BCE。

【注意】 题目中问的是 dollar amount，不要被条形上的百分比数字误导。

强化题目 103

答案： D

解析： 对于同一个 region，应采取横向比较。因为总数都是一样的，所以比较比例即可。Other 为 10%，non-housing 包括 Transportation: 16%，Groceries: 14%，Other: 10%。所以占比为 10/(16 + 14 + 10) = 1/4，故答案为 D。

【注意】 此处参与计算的百分比对应的总量都是 P 的总支出，所以不需要带着具体的钱数计算。

强化题目 104

答案： E

解析： 首先此题需要确定题目中描述的是哪个 region。range 指的是极差，代表本区域最大值和最小值的差，如 Region T，是 Housing（最大值）和 Groceries（最小值）的差，为 $1200 \times (50\% - 16\%) = 408$，再如 Region R，是 Housing（最大值）和 Other（最小值）的差，为 $1300 \times (64\% - 8\%) = 728$。同样的方法，我们得知 P 的极差约为 500，Q 约为 567，S 约为 700，U 约为 795，所以最小的是 T。对于 Region T，Transportation 占的比例为 20%。故答案为 E。

【注意】 此题求极差较为繁琐，但实际上在考试中可以合理掌握技巧，省掉部分计算。我们知道 Region T 的极差为 $1200 \times 34\%$，因此像 R 这种 $1300 \times 56\%$ 的不需计算直接跳过，因为它肯定比前者大。只有合理掌握简化运算的技巧，才能快速拿到必得的分数。

强化题目 105

答案： A

解析： 此题只针对 1993 年卖的卡片计算，需要参考的是右面的表。读图可知，1993 年情人节卡片的销量是 900 million，感恩节的销量是 42 million，900/42 约为 20 倍。故答案为 A。

强化题目 106

答案： E

解析： 此题只针对 1993 年卖的卡片计算，需要参考的还是右面的表。在母亲节全部公司的销量为 155 million，该公司占 40%，所以该公司的销量为 155 million $\times$ 40% = 62 million。每张卡的价格区间为 1 元到 8 元，所以 $62 < r < 62 \times 8 \rightarrow 62 < r < 496$。故答案为 E。

强化题目 107

答案： D

解析： 此题关于时间做对比，求百分比的形式为 from A to B，需要参考左图。1990 年的销量是 4.5 billion，1993 年的销量是 5.75 billion，所以答案是 $(5.75 - 4.5)/4.5 \times 100\%$，约为 28%，选 D。

强化题目 108

答案： CDEFGH

解析： 此题问题略长，我们首先需要理解题目。该题问的是，以下节日中哪些节日卖的卡片的数量低于除了列表中十个节日在其他时间卖的卡片数量。这个题目的另一个难点在于理解"除了十个节日的其他时间卖的卡片数量"，根据左图，1993 年的销售总额为 $5.75 billion，每个卡的价格是 $1.25，所以总销量为 4.6 billion，右图中十个节日卖的总量为 3.9 billion，所以 (除了列表中十个节日在其他时间卖的卡片数量) 为 4.6 billion−3.9 billion = 0.7 billion。对比右图中十个节日的销量，其中小于 0.7 billion = 7 million 的节日，可知答案为 CDEFGH。

强化题目 109

答案： C

解析： 总共工伤数可以从第二个表得出，总数是 59,200，15% 是 8,880，即 8.8 thousands。结合第一个图，人数多于 8,800 的共有 3 个组。故答案为 C。

强化题目 110

答案： D

解析： 小于 34 岁的，共计 2.2 + 7.2 + 18.6 = 28 thousands，一半是男性，也就是男性占 14 thousands。男性总共的是 39.4 thousands，所以，35 岁和以上是 39.4−14 = 25.4 thousands。故答案为 D。

强化题目 111

答案： E

解析： 55 到 64 岁共计人口为 5.2 thousands ，所以总共工时损失为 5200 × 48.5 = 252200 小时，换算成工作周（workweek）是 252200 ÷ 40 = 6305 workweeks。故答案为 E。

强化题目 112

答案： C

解析： 将 Average Spending 与其中 State Aid 的比例相乘，再进行比较。可见 Hudson 的 state aid 最多。故答案为 C。

强化题目 113

答案： E

解析： Residential 占比 22%，对应的角度为 360°×22% = 79.2° 。故答案为 E。

强化题目 114

答案： A

解析： Bergen 人均为 $3,287，人口为 906,000，其中 commercial 占比为 19%。所以花费为 3,287×906,000× 19% = 565,824,180 ≈ $570 million。故答案为 A。

强化题目 115

答案： B

解析： 选项 A：由于没有具体数据，无法计算中位数，错误。

选项 B：2005 年全职和兼职的比例为 $\frac{150+192+153}{202+248+190} = \frac{495}{640} = 0.77$ ，2017 年比例为 $\frac{190+235+182}{215+258+208} =$ $\frac{607}{681} = 0.89$ ，增加了，正确。

选项 C：从大于 42 岁的数据中无法判断大于 50 岁的数据，错误。

强化题目 116

答案： D

解析： $x\% = \dfrac{202+248}{202+150+248+192} = \dfrac{450}{792} = 56.82\%$ ， $y\% = \dfrac{215+258}{215+190+258+235} = \dfrac{473}{898} = 52.67\%$ ， $x-y \approx 4$ 。
故答案为 D。

强化题目 117

答案： B

解析： 这里无需关注图表中具体数据，只需看两个年龄段的比例。假设 30 岁到 34 岁的员工平均年龄为 x ，35 岁到 41 岁的平均年龄为 y ，显然 $30 \leqslant x \leqslant 34$ ， $35 \leqslant y \leqslant 41$ ，30 岁到 41 岁的员工平均年龄为 $\dfrac{5x+3y}{8}$ ，考虑极端情况， $x=30$ ， $y=35$ 时平均年龄为 31.875 ， $x=34$ ， $y=41$ 时平均年龄为 36.625 ，故符合条件的选项为 B。

强化题目 118

答案： E

解析： 如图所示，黑色部分代表客人被服务的时段。观察发现 1 号客人还没结束的时候 2 号客人已经开始服务了，说明 2 号和 1 号不是同一个代表服务的。而 3 号服务开始的时间正好是 1 号服务结束的时间，又因为一共只有 2 个代表在服务，所以 3 号和 1 号是同一个代表服务的。以此类推，最终发现 10 号和 1 号应为同一人服务，故答案为 E。

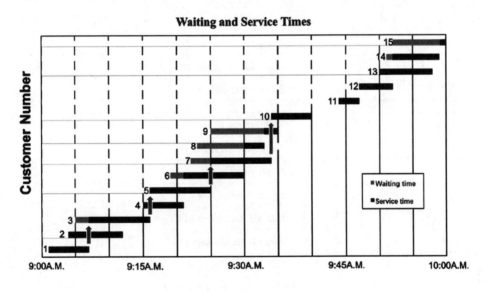

强化题目 119

答案： E

解析： 观察灰色条与黑色条的长度比例，显然 15 号客人的黑色条最短，灰色条最长，灰色 / 黑色的比值最大，故答案为 E。

强化题目 120

答案： C

解析： 3 号、6 号和 7 号客户被服务的时间最长，都为 9 分钟。15 号客户被服务的时间最短，为 1 分钟。故极差为 8，选 C。

入门必会 >>

A = B	A is B.
	A is equal to B.
	A is the same as B.
A > B	A is greater than B./A is more than B.
A ≥ B	A is greater than or equal to B.
A < B	A is less than B.
A ≤ B	A is less than or equal to B.

A + B	the sum of A and B
	A plus B
A − B	A minus B
	A less B
	the difference between A and B
	B is subtracted from A.

A × B	A multiplied by B
	the product of A and B
A ÷ B	A is divided by B.
	the quotient of A and B
Factors and Divisors: A × B = C	A and B are factors of C.
	A and B are divisors of C.
	C is divisible by A and by B.
	C is a multiple of A and of B.
A = nB	A is n times B
	n times as many A as B
A^{B}	A to the B
	A to the power of B

基本表达

定义	define	表达式	expression
用 x 表示 y	y in terms of x	假设	suppose

使得	such that	不同的	distinct
最小值	least possible value	连续的	consecutive
最大值	greatest possible value	……的个数	the number of
相同的	identical		

Arithmetic(算术)与 Algebra(代数)

实数	real number	指数	exponent
有理数	rational number	底	base
整数	integer	幂	power
分数	fraction	平方	square
有限小数	terminating decimal	立方	cube
无限循环小数	repeating decimal	平方根	square root
无限不循环小数	non-repeating decimal	立方根	cube root
正数	positive number	四次方根	fourth root
负数	negative number	阶乘	factorial
绝对值	absolute value	数位	digit
奇数	odd number/integer	小数点	decimal point
偶数	even number/integer	十位	tens digit
质数	prime number	个位	units/ones digit
合数	composite number	十分位	tenth digit
因数	factor/divisor	两位数字	two digits
公因数	common factor/divisor	四舍五入到	round to the nearest...
最大公因数	greatest common divisor	区间	interval
质因数	prime factor	不包括端点值	exclusive
质因数分解	prime factorization	/ 开区间	
倍数	multiple	包括端点值 / 闭区间	inclusive
公倍数	common multiple	变量	variable
最小公倍数	least common multiple	常数	constant
除数	divisor	项	term
商	quotient	系数	coefficient
余数	remainder	方程	equation
可被整除	divisible	解	solution
分子	numerator	函数	function
分母	denominator	线性函数	linear function
倒数	reciprocal	二次函数	quadratic function
带分数	mixed number	定义域	domain
比率	ratio	直角坐标系	coordinate system/x-y plane
成正比	directly proportional to	原点	origin
成反比	inversely proportional to	象限	quadrant

斜率	slope	利润	profit
截距	intercept	收益	revenue
P 点关于 x 轴的对称点	reflection of P about x-axis	零售价	retail price
		批发价	wholesale price
本金	principal/initial amount	购买价	purchasing price
利息	interest	销售价	sale price
利率	interest rate	打折	discount
单利	simple interest	预付款 / 定金	down payment/deposit
复利	compound interest	人均	per capita
成本	cost	平局	tie

Geometry（几何）

点	point	四边形	quadrilateral
（点 / 线）在……上	lie on	平行四边形	parallelogram
中点	mid-point	菱形	rhombus
线	line	梯形	trapezoid
线段	segment	长方形	rectangle
相交	cross/intersect	正方形	square
平行	parallel	对角线	diagonal
垂直	perpendicular	全等	congruent
面	plane	相似	similar
角	angle	面积	area
角度	degree	周长	perimeter
锐角	acute angle	圆	circle
直角	right angle	圆心	center
钝角	obtuse angle	半径	radius (radii)
对顶角	opposite angle	直径	diameter
多边形	polygon	弦	chord
顶点	vertex/vertices	弧	arc
边	side	劣弧	minor arc
正多边形	regular polygon	优弧	major arc
五边形	pentagon	圆周长	circumference
六边形	hexagon	扇形	sector
三角形	triangle	同心圆	concentric circles
等腰三角形	isosceles triangle	相切	tangent
等边三角形	equilateral triangle	内接、内切	inscribe
直角三角形	right triangle	外接、外切	circumscribe
直角边	leg	长方体	rectangular solid
斜边	hypotenuse	立方体	cube

圆柱	circular cylinder	宽	width
棱	edge	高	height
面	face	表面积	surface area
长	length	体积	volume

Date Analysis（数据分析）

统计	statistics	排列	permutation
频率	frequency/count	概率	probability/possibility
相对频率	relative frequency	概率试验	probability experiment
箱线图	boxplots	随机试验	random experiment
算术平均值	arithmetic mean/mean	事件	event
中位数	median	等可能	equally likely
众数	mode	随机抽样	random selection
最大值	maximum	相互独立的	independent
最小值	minimum	随机变量	random variable
极差	range	离散型随机变量	discrete random variable
加权平均数	weighted mean	连续随机变量	continuous random variable
四分位数	quartile	期望	expected value/mean of
百分位数	percentile		random variable x
四分位差	interquartile range	分布曲线	distribution curve
标准差	standard deviation	密度曲线	density curve
集合	set	频率曲线	frequency curve
交集	intersection	概率分布	probability distribution
并集	union	正态分布	normal distribution
互斥	disjoint/mutually exclusive	标准正态分布	standard normal distribution
组合	combination		

仅做了解 >>

（图像）拉伸	stretched	九边形	enneagon/nonagon
（图像）压缩	shrunk	十边形	decagon
顺时针	clockwise	圆锥	cone
逆时针	counterclockwise	球	sphere
条形图	bar graph	异常值	outlier
分段的条形图	segmented bar graph	离差	dispersion
扇区	sector	单变量的	univariate
直方图 / 柱状图	histogram	双变量的	bivariate
七边形	heptagon	趋势，走向	trend
八边形	octagon	集中趋势	central tendency

容斥原理	inclusion-exclusion principle	多项式	polynomial

考前必看 >>

160 分难度单词

分子	numerator	底	base
分母	denominator	幂	power
倒数	reciprocal	象限	quadrant
指数	exponent		

165 分难度单词

等腰三角形	isosceles triangle	菱形	rhombus
等边三角形	equilateral triangle	梯形	trapezoid
直角三角形	right triangle	圆周长	circumference
斜边	hypotenuse	内接、内切	inscribe
四边形	quadrilateral	外接、外切	circumscribe
平行四边形	parallelogram	平分线	bisector

170 分难度单词

极差	range	四分位差	interquartile range
众数	mode	百分位数	percentile
直角边	leg	箱线图	boxplot
四分位数	quartile	一个标准差之内	within one standard deviation

参考公式

1. 三角形不等式：$|a+b| \leqslant |a|+|b|$，a 和 b 为任意实数。

2. 整数 Z 的正因数个数公式：① $Z = p_1^{a_1} \cdot p_2^{a_2} \cdot \cdots \cdot p_n^{a_n}$（$p_1$，$p_2$，$\cdots$，$p_n$ 是不同的质数，a_1，a_2，$\cdots$，a_n 是正整数。）② 正因数个数 $n = (a_1+1)(a_2+1)\cdots(a_n+1)$。

3. (x_1, y_1) 和 (x_2, y_2) 的两点间距离公式：$l = \sqrt{(x_1-x_2)^2 + (y_1-y_2)^2}$

4. 一元二次方程 $ax^2 + bx + c = 0$ 的求根公式：$x = \dfrac{-b \pm \sqrt{b^2-4ac}}{2a}$

5. 二次函数判别式：$b^2 - 4ac$

6. 二次函数对称轴：$x = -\dfrac{b}{2a}$

7. n 边形内角和：$180° \times (n-2)$

8. 底为 b、高为 h 的三角形面积 $= \dfrac{1}{2}bh$

9. 长为 l、宽为 w 的长方形面积 $= lw$

10. 底为 b、高为 h 的平行四边形面积 $= bh$

11. 菱形面积 $= \dfrac{两条对角线的乘积}{2}$

12. 上底为 b_1、下底为 b_2 高为 h 的梯形面积 $= \dfrac{(b_1+b_2)}{2}h$

13. 半径为 r 的圆的面积 $= \pi r^2$

14. 半径为 r 直径为 d 的圆的周长 $= 2\pi r = \pi d$

15. 弧长公式 $= \dfrac{n}{360°}\pi d = \dfrac{n\pi r}{180°}$

16. 扇形面积（所在弧的弧长为 l）$= \dfrac{n}{360°}\pi r^2 = \dfrac{1}{2}lr$

17. 棱长为 a 的正方体体积 $= a^3$

18. 长、宽、高分别为 l，w，h 的长方体体积 $= l \times w \times h$

19. 长、宽、高分别为 l，w，h 的长方体表面积 $= 2(wl + lh + wh)$

20. 底面圆半径为 r、高为 h 的圆柱体体积 $= \pi r^2 \cdot h$

21. 底面圆半径为 r、高为 h 的圆柱体表面积 $= 2\pi r^2 + 2\pi rh$

22. $n! = n \times (n-1) \times \cdots \times 2 \times 1$

23. 排列数 $A_n^m = \dfrac{n!}{(n-m)!} = n(n-1)(n-2) \cdots (n-m+1)$

24. 组合数 $C_n^m = \dfrac{n!}{m!(n-m)!} = \dfrac{n(n-1)(n-2) \cdots (n-m+1)}{1 \times 2 \times 3 \times \cdots \times m}$

25. 平方差公式：$a^2 - b^2 = (a+b)(a-b)$

26. 完全平方公式：$(a+b)^2 = a^2 + 2ab + b^2$；$(a-b)^2 = a^2 - 2ab + b^2$